著者名单

王　腾	章丽萍	刘　永	李纯厚	张殿昌
艾　红	肖雅元	刘　玉	刘华雪	蔡进华
黄晓华	夏　敏	林　琳	吴　鹏	邹　剑
徐姗楠	熬雪夫	赵金发	谢宏宇	孙金辉
黄应邦	黄　海	明俊超	许海东	孙志伟
于洋飞	张　洁	王彦乔	康志鹏	郭奕惠

前　言

在祖国南海的碧波之上，西沙群岛如璀璨明珠镶嵌其中。作为中国南海诸岛四大群岛之一，以及中国南海陆地面积最大的群岛，它不仅承载着山河壮丽，更蕴藏着无尽的海洋奥秘。这片由海南省三沙市西沙区管辖的海域，珊瑚礁林立，有8座环礁、1座台礁、1座暗滩，干出礁礁体面积共1 836.4平方千米，其中礁坪面积221.6平方千米，礁湖面积1 614.8平方千米，是海洋生命繁衍的摇篮。群岛上除高尖石是火山岛外，其他岛礁均是生物礁，是典型的珊瑚礁群岛，孕育着多达874种鱼类，将"海洋热带雨林"的盛景展现得淋漓尽致。

为深入贯彻落实国家"海洋强国"战略要求和科普现代化部署，系统构建珊瑚礁鱼类生态知识体系，强化国土海权认知教育，本书基于研究团队自2018年以来在西沙海域持续开展的系统性珊瑚礁鱼类实地观测研究，填补了我国在该领域科普读物的空白。本书不仅系统阐释了珊瑚礁鱼类生态特性，更创新性地通过解读西沙群岛珊瑚礁鱼类趣事筑牢蓝色国土的国民认知基础，对提升全民海洋生态保护意识和树牢国家海洋主权意识具有重要实证价值。

本书系统展现了我国西沙群岛海域珊瑚礁鱼类的神奇世界。全书图文并茂、深入剖析30种（类）典型海洋生物的生存法则：金黄突额隆头鱼上演"女王登基"的性别逆转奇观；小丑鱼演绎"雄性变雌性"的海洋版"爸爸去哪儿";虾虎鱼以3个月短暂生命诠释极致的繁殖智慧;花园鳗以半身遁沙的宅居形态演绎"萌态生存法则"。

此外,笔者匠心独运地构建了"海洋剧场"叙事体系:带你走进雀鲷苦心经营的海底农场、探秘鹦嘴鱼吐丝结茧的夜间寝宫、见识刺尾鱼尾柄暗藏的格斗匕首、领略刺鲀瞬间绽放的防御艺术……每一个物种,都在用自己的方式演绎独家生存故事。

当然,书中也不曾回避现实问题,苏眉鱼的濒危警示、蓑鲉物种入侵危机等案例,都在提醒我们人类活动对海洋生态的深远影响。本书既是一场海底鱼类的奇妙之旅,也是一份海洋生态保护的行动倡议。本书作为首部系统记录西沙群岛珊瑚礁鱼类的原创科普著作,用详实的物种纪实数据为国土海权主张提供科学支撑,兼具趣味性与专业性,希望能在读者心中播下海洋生态文明的种子,让更多人了解、热爱并守护这片蓝色国土。

本书的出版得到了国家重点研发计划课题(2024YFD2401801)、国家自然科学基金项目(32473161)、西沙岛礁渔业生态系统海南省野外科学观测研究站、海南省自然科学基金(323MS124)、农业财政专项(NHZX2024)、农业财政专项(SYHZX2025)、中国水产科学研究院南海水产研究所中央级公益性科研院所基本科研业务费专项资金(2025RC03)、中国水产科学研究院中央级公益性科研院所基本科研业务费专项资金(2023TD16)的资助,在此一并感谢!

著者

2025 年 6 月

C O N T E N T S

目　录

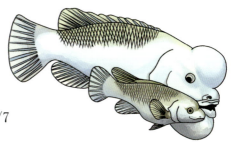

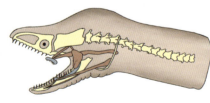

"抓马" 鱼生

金黄突额隆头鱼

鱼类身份证

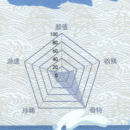

名字：金黄突额隆头鱼

拉丁名：*Semicossyphus reticulatus*

纲：辐鳍鱼纲

目：鲈形目

科：隆头鱼科

属：突额隆头鱼属

栖息地：西太平洋区，包括日本南部、韩国及南中国海海域

栖息深度：3～100米

大小：体长可达100厘米以上

技能：女子变汉子

颜值
100
80
60
40
20
0
游速　　凶残
珍稀　　奇特

隆头鱼科囊括了数十个属，总计近 1 000 种鱼类，是鱼类界"名副其实"的超级大家族！无论是热带还是温带海域，到处都有它们的身影，千姿百态的珊瑚礁更是它们最爱的家园。

这个家族的成员个头差异巨大，最小的"侏儒"只有 10 厘米长，而最大的"巨人"身长居然能超过 2 米。但隆头鱼科中最让人"眼前一亮"的，非金黄突额隆头鱼莫属了！它的外貌令人过目不忘，并且身怀绝技，堪称是隆头鱼家族中的大活宝。让我们一起来围观它们的"抓马"①鱼生吧！

勿 cue！

头上顶个"包"的鱼

金黄突额隆头鱼的名字倒是挺气派，就是颜值差了点。它的长相，简直是"不看不知道，一看吓一跳"——脑袋上顶着个南极仙翁同款的额头。虽然大额头是一些鲸类动物（如白鲸、抹香鲸等）的特征之一，但搁在鱼类中也太非主流了。除此之外，金黄突额隆头鱼的下巴也肥大得一塌糊涂，完全不像是一张正经的鱼脸，反而有几分怪物史瑞克的范儿，让人哭笑不得。

南极仙翁说："勿 cue②！"

---

① "抓马"为网络流行语，是 drama（戏剧、剧本）的音译，多指离谱、怪诞、不可思议的戏剧行为或情形。

② "勿 cue"为网络流行语，意为"别提我"，多表达不想被卷入或参与某事的意思。

② 聪明的"大额头"

人们常说，额头大的人比较聪明。如果以此为标准，金黄突额隆头鱼应该算得上是脑力超群。不过，这可能真不是一句玩笑话。

在日本千叶县，有一座建在海底的神社叫洲崎神社，关于神社的来历，还有一段小故事。荒川宽幸是一位潜水超过60年的资深潜水员。30多年前的一天，当他下海潜水时偶遇了一条金黄突额隆头鱼，荒川敏锐地注意到它嘴唇受了严重的伤，无法自行捕食，便喂螃蟹肉给它吃。后来，荒川在海底建了一个小神龛，并放置了一口小钟，每当他敲响这口钟，这条金黄突额隆头鱼就会游来与他相会。一晃30多年过去了，他俩成了亲密的好朋友。这条金黄突额隆头鱼如此懂人情世故，可见其智商不可小觑。

然而，金黄突额隆头鱼的大额头里装的并不是大脑，而是脂肪，因此对智商和情感没什么促进作用，倒是使其成为日本饕客们垂涎三尺的美味刺身材料。

③ 不吃"软饭"的硬汉

金黄突额隆头鱼是肉食性鱼类，这看它们的牙齿就知道了。其他鱼大都是细细小小的牙，吃点"软饭"而已，金黄突额隆头鱼的牙齿就厉害多了，几颗大尖牙可以把贝壳和肉磨成渣，然后连壳带肉地一起吞下肚，真是吃货界中的豪放派！

可爱的金黄突额隆头鱼幼鱼

关于"大额头"，不得不说它们奇葩的性别切换。所有金黄突额隆头鱼在出生的时候都是雌性，没有雄性，它们要长到一定长度之后才有可能解锁雄性身份。更厉害的是它们还是"变装达人"，同一条隆头鱼，在其幼鱼阶段、雌鱼阶段和雄鱼阶段的长相竟然完全不一样。可以说是"鱼大十八变，越变越难看"。

幼鱼颜色较鲜艳，穿着橙色和黄色的漂亮"衣裳"，身上还有白色条纹点缀，称得上是"小正太"。

"小正太"长大之后，成年的雌鱼就变成了深褐色，虽然低调了点，但仍然还是一条鱼应该有的样子。

然而，时间是把"杀鱼刀"。等它们变成雄性之后就彻底"放飞自我"了。雄性和雌性长得判若两"鱼"，雄性不仅体形远大于雌性（真不知道是吃了多少顿海鲜自助大餐才吃成这种庞大身躯），而且各种肥大、各种油腻，好好的一条鱼愣是长残了，着实有点辣眼睛。

⑤ 海底"宫斗剧"大女主

金黄突额隆头鱼从恭谨的女子变成 24K 纯汉子的过程匪夷所思，充满了狗血的宫斗剧色彩。

金黄突额隆头鱼拥有极强的领地意识和森严的家族关系，奉行一夫多妻制（类似于狮子、海豹等）。一开始，一条雄鱼会划定某一片礁石作为自己的领地，它俨然是这个家族的"皇帝"，而其他雌鱼自然成为了它的"妃嫔"。

然而突然有一天，雌鱼中体形最大的一条"武则天"萌发了"夺权"之意，它不再甘心被统治，于是像偷偷在修炼海洋界的《葵花宝典》一样，它体内一种特殊的酶开始发生作用，不再分泌雌性荷尔蒙，取而代之的是雄性荷尔蒙不断在体内翻滚。短短几个月中，它变大好几倍，身体开始变白，扁平的额头上隆起大包，下巴变得肿大，长出一口参差不齐的牙齿，摇身一变成为"男儿身"，然后便要和它的夫君一争高低了。

　　它们比拼的方式是"大打出嘴"，两条雄鱼会张开大嘴，互相向对方展示着自己的威猛，若"武则天"赢了，则它就顺理成章地成为新王。旧王只能带着巨大的心理阴影逃之夭夭了。

　　看了这么奇葩的性别转换，你是不是也要直呼：离离原上谱，越来越离谱？其实，这种"篡旧王之王位，夺旧王之后宫"的大戏，在金黄突额隆头鱼的世界里，再平常不过了。而变性夺权后的新王也将继续等待"后宫"中下一条"姐妹"前来挑战。

两条雄性金黄突额隆头鱼在"大打出嘴"

"爸爸" 去哪儿

小丑鱼

鱼类身份证

名字：小丑鱼
拉丁名：Amphiprioninae
纲：辐鳍鱼纲
目：鲈形目
科：雀鲷科
属：双锯鱼属或棘颊雀鲷属
栖息地：印度洋和太平洋的海葵或珊瑚礁丛
栖息深度：1～55 米
大小：体长 11 厘米
技能：和海葵玩游戏、"汉子"变"女子"

我也是小丑鱼哦！

克氏双锯鱼：我也是小丑鱼

　　小丑鱼马林在一次事故中痛失妻儿，只有唯一的孩子尼莫逃过一劫，此后马林对尼莫过度保护，却致其落入了人类的渔网。为了救回尼莫，马林毅然踏上了寻子冒险之旅。没错，这就是皮克斯动画工作室制作的《海底总动员》里的情节。在这部风靡全球的电影里，小丑鱼尼莫成为了红透半边天的超级明星。在温暖的西沙群岛海域，小丑鱼经常栖息于珊瑚礁和岩礁之中。除了鲜艳的颜色和超萌的外表，你对小丑鱼的了解又有多少呢？你知道它们还有两个不为人知的"超能力"吗？

① 小丑鱼家族不止有"尼莫"

　　小丑鱼是对雀鲷科海葵鱼亚科鱼类的俗称，因其脸上具有白色条纹，和京剧中的丑角以及西方国家的小丑扮相较相似而得名。可是小丑鱼并不止有"尼莫"一种，其种类繁多，有时两种鱼仅有细微差别。目前已知的小丑鱼有 30 种，其中一种来自棘颊雀鲷属（*Premnas*），其余来自双锯鱼属（*Amphiprion*）。

　　《海底总动员》中的"尼莫"是眼斑双锯鱼（公子小丑鱼）。此外，小丑鱼家族还有海葵双锯鱼（黑边公子小丑鱼、黑白公子小丑鱼）、颈环双锯鱼（咖啡小丑鱼）、鞍斑双锯鱼（鞍背小丑鱼）、白条双锯鱼（番茄小丑鱼、红小丑鱼）、二带双锯鱼（红海小丑鱼）等。然而，并非所有小丑鱼都有白色条纹，如大眼双锯鱼（红苹果小丑鱼），其稚鱼期与幼鱼前期一开始有白色条纹，但在向成鱼生长发育过程中白色条纹逐步消失了。

② 小丑鱼和海葵的神仙友情

　　小丑鱼在进化过程中并没有什么优势（人家就是一群体形很小、颜色鲜艳、无毒无害的小可爱嘛），无论是体形、力量、游泳速度，还是攻击性均无过人之处，在危机四伏的珊瑚生态圈中，它们的确很柔弱，不过却有很棒的朋友。

小丑鱼还有另一个昵称叫作"海葵鱼"。这个名字的由来是因其与海葵有着特殊的互利共生关系。"最危险的地方，就是最安全的地方"，这是古龙小说中的经典名言，将其用在小丑鱼身上再合适不过。

海葵形似葵花，实则是不折不扣的肉食性动物。在珊瑚王国，成群的海葵张开触手随着海水的节奏摇摆，像在扮演美丽的花瓣，引诱饥肠辘辘的鱼儿靠近，但只要轻轻一碰它，它就会发射尖锐的小刺胞，向猎物体内注射麻痹性神经毒素，然后把束手待毙的猎物送进嘴中。海葵就是用这种方式捕捉小鱼、小虾，屡试不爽。因此，多数海洋生物都对海葵退避三舍。可是呆萌的小丑鱼偏偏不害怕海葵的触手，还喜欢住在它们的触手间。这就是小丑鱼的第一个超能力——不惧毒刺。

小丑鱼体色鲜艳，在浩瀚大海中太容易被掠食者一眼相中，于是身为弱势群体的它们必须寻找"保护伞"。躲进长满毒刺的海葵中小丑鱼就可以躲开海洋里大部分的掠食者，安心筑巢、产卵。但是，想要钻进海葵里去，小丑鱼还要演化出不被刺伤的能力。于是，在小丑鱼很小的时候就与海葵共生了。为适应它们的"新家"，它们会不断摩擦海葵的触手。尽管一开始会被刺伤，但慢慢就会获得海

小丑鱼和海葵的互利共生（白条双锯鱼）

葵的抗体（皮肤上也产生了一种特殊黏液），海葵也就不能再刺伤它们了。

　　然而，小丑鱼也不能在这里白吃白住，得付"房租"。首先，海葵的移动速度非常慢，艳丽的小丑鱼在海葵周边转悠，可诱使其他鱼类放松警惕，成为海葵的"盘中餐"；其次，小丑鱼还会吃掉海葵身上的寄生虫及坏死组织，帮助海葵清理覆盖在表面上的泥沙等。

"出门靠朋友"是小丑鱼的生存哲学。在这种特殊的友谊中，两种奇妙的生物发扬各自的优点，成为了海洋中的"最佳拍档"，就这样在温暖的海水中共生。

③ 尼莫的"爸爸"变成了"妈妈"

小丑鱼的第二个超能力就是会变性。但跟金黄突额隆头鱼相反，小丑鱼是一种典型的雄性先成熟的雌雄同体鱼类。刚孵化出的小丑鱼苗是无性别的，既不是雄性也不是雌性，经历6个月以上的生理成熟期后，只有个头最大的那条小丑鱼才会变成雌性，成为统领鱼群的"大姐头"；而个头第二大的那条鱼便迅速性成熟，成为雄性，跟"大姐头"凑成一对，负责繁衍后代，其他的雄性小丑鱼都是不参与繁殖的"非繁殖鱼"。

于是，大多数小丑鱼只能"做做家务"，拼命吃，拼命长个，安安稳稳当"备胎"，等待一个机会——如果大姐头遭遇不测的话，原来的"大哥"就会变性成一名新的"大姐头"来统领鱼群，然后众多"备胎"当中个头最大的那条鱼就可以跟"大姐头"共同肩负起繁衍后代的重任。崇尚母权的小丑鱼严格遵循这种"排队"制度，其他个头小的小丑鱼想要"弯道超车"是不可能的。

所以让我们再回顾一下《海底总动员》的故事情节，真正的剧情可能是这样：一天早上，小丑鱼爸爸马林发现孩子尼莫不见了，于是离开了海葵家园去寻找尼莫，找着找着，马林就变成了妈妈……

探秘西沙群岛——你不知道的海底鱼类趣闻

三

攀岩狂热分子

虾虎鱼

鱼 类 身 份 证

名字：虾虎鱼
拉丁名：Gobiidae
纲：辐鳍鱼纲
目：鲈形目
科：虾虎鱼科
栖息地：除南极、北极外的世界各沿岸海
域，主要密集分布于印度洋—西
太平洋暖水海域，特别是热带和
亚热带海域
栖息深度：3～100米
大小：体长 10～50 厘米
技能：攀岩、可男可女的性别切换

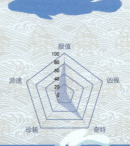

颜值
100
80
60
40
游速   20   凶残
0

珍稀   奇特

"远看一只虾，近看一条鱼"说的就是虾虎鱼。虾虎鱼属于暖温性中小型底层杂食性鱼类，多数栖息于热带浅海中，如近岸潮间带、底质为泥沙或岩礁的浅海区，或栖息于淡水河沟和池塘中，是世界上最小的脊椎动物之一。

　　虽然名字里带"虎"，但从体形到气质，虾虎鱼和老虎都有着天壤之别。身材袖珍的它们是天生的谐星，长着钝圆形的脑袋和大大的眼睛，看上去都是傻头傻脑的。平时喜欢待在水底，有时候张着嘴发呆，十分憨态可掬。

威氏钝塘鳢

虾虎鱼是非主流经济鱼类，受关注程度不及其他大型鱼类，这反倒让它们的家族得以不断繁衍和壮大，充满了生机与活力，竟然成为了鱼类中最大的科之一，已知品种超过 2 000 种。天生的"卡通明星"——弹涂鱼，俗称跳跳鱼，也是虾虎鱼的一种。

① "吞吞吐吐"的小鱼

虾虎鱼一般游泳比较迟缓，活动范围不大，为了躲避捕食者，它们大多会挖个小沙洞或者找个舒适的小石洞作为巢穴。如果两条虾虎鱼相互争夺领地，一场"沙子大战"就无可避免了，它们会互相吐沙，超级淘气。

其实，古人早就注意到虾虎鱼用嘴刨沙挖洞的现象了，"吹沙而游，唼沙而食"就是对它们这一行为的描述。因此，虾虎鱼也被一些人称为"吹沙小鱼"。

② 最短命的脊椎动物

虾虎鱼个个是"侏儒"，成鱼身长平均只有 10 厘米。其中，侏儒虾虎鱼（*Trimmatom nanus*）和矮虾虎鱼（*Pandaka pygmaea*）是最短小的虾虎鱼，它们成年后体长不到 1 厘米，比成年人的指甲盖还要短；而舌虾虎鱼 (*Glossogobius giuris*) 的最大体长记录有 50 厘米，是虾虎鱼家族当之无愧的"姚明"。

施氏钝塘鳢

　　比虾虎鱼身长更可怜的，是它们的寿命。虾虎鱼是世界上寿命最短的脊椎动物之一，一般只能存活2～3年。在澳大利亚大堡礁中的侏儒虾虎鱼，它们以平均8周、最长59天的寿命，获得了最可怜的吉尼斯世界纪录——世界上最短命的脊椎动物。

　　不过，正因为生命如此短暂，侏儒虾虎鱼的生长绝不拖泥带水，它们出生之后3周就能在珊瑚礁中觅食，再过2周后达到性成熟，简直就是"一寸光阴一寸金"的最佳代言人。在它们身上，"一辈子"这个概念只约等于59天。

"黄金搭档"之虾虎鱼和手枪虾

3 忠心耿耿的金牌"保镖"

说起虾虎鱼，就不得不介绍它的"好哥们"——手枪虾。虾虎鱼和手枪虾已经是海洋里人尽皆知的一对"黄金搭档"，跟小丑鱼和海葵一样，这也是一种互利共生的现象。

一方面，虾虎鱼喜欢住在洞穴里，虽说会挖洞，可五短身材的它很难给自己挖出一个又大又深的"家"，于是善于挖洞的手枪虾便被它一眼相中。另一方面，手枪虾眼神不太好，就跟瞎了一样，这太容易被其他鱼偷袭了，虾虎鱼的视力却好极了，虾虎鱼还能指引手枪虾去寻找食物。于是，手枪虾便答应跟虾虎鱼一起过日子了。

这对好搭档的日常就是一个挖洞，一个望风；一个干得热火朝天，一个静静死亡凝视，各司其职。机灵的手枪虾在干活时，总是把它的触须搭在虾虎鱼兄弟的身上，一有风吹草动，虾虎鱼稍微摆摆尾鳍，手枪虾马上就能察觉到，二位便一起火速躲进洞里。

一个是勤奋"建筑师"，一个是贴身"保镖"，一鱼一虾默契度100%。

4 安能辨我是雌雄

无论是金黄突额隆头鱼还是小丑鱼，它们都有一个特点，那就是性别转变的不可逆性，由雌变雄或者由雄变雌之后，就不能再变回去了。然而，虾虎鱼却可以在雌性和雄性之间来回变化。

不少虾虎鱼一生中的大部分时间都躲在珊瑚礁的缝隙或洞穴里，很少外出行动。有时当它鼓足勇气离开"好哥们"手枪虾，外出找对象时，好不容易找到个同类一起躲进洞里，却悲催地发现跟自己是一个性别。又宅又怂的它们又不愿意冒着被吃掉的风险继续出去找对象，于是索性点亮"新技能"。

2019年，巴拉特教授团队以一种叫 *Lythrypnus pulchellus* 的虾虎鱼为实验对象做了两个实验，他们先把两条雄性虾虎鱼单独放在一个水族箱里，过了11天之后，两条雄鱼里面比较小的那条竟然把自己变成了雌性，两条鱼顺利地配对产卵；另外一个实验则刚好相反，他们把两条雌鱼关在一起，过了12天之后，体形较大的那条把自己变成了雄鱼，也成功地繁衍了后代。

虾虎鱼这种为了血脉延续可男可女的精神真是可歌可泣啊！

虾虎鱼吸盘状的腹鳍

狂热的攀岩爱好者

虾虎鱼的游泳技术差，活动范围较窄，身材又那么迷你，在海里生存下去实在太难了。幸运的是，上帝为你关上一扇门的同时，也会为你打开一扇窗。为了躲避大鱼的追捕，以及防止被海浪卷走，有些虾虎鱼的左右腹鳍竟逐渐愈合成一个"吸盘"，这样它们就可以紧紧地吸附在水流湍急的岩石上而不被海浪冲走，甚至还能逆流而上。

虾虎鱼具有生殖洄游习性。因此，在瀑布附近经常能看见它们的身影，那是大鱼们很少去的地方。它们把"吸盘"紧紧地吸在水墙上，艰难地沿着水流向上爬行。这是一趟危险重重的旅程，不是所有小虾虎鱼都能成功攀上瀑布，水滴如同炸弹一般砸在它们身上，稍有不慎便有跌落的风险，结束本来就短暂的一生。但一旦顺利到达瀑布上面，虾虎鱼则开始在它们的"世外桃源"中安宁地生长繁衍，当它们再次被溪流冲回大海时，又会开始另一次宿命的轮回。

尽管小虾虎鱼的生命短暂如昙花一现，但它们活得执着，活得狂热，跨越大海与小溪之间川流不息的瀑布。它们逆流而上的精神令大鱼们望尘莫及，也让我们人类备受鼓舞呢！

谁也别想让我离开家

花园鳗

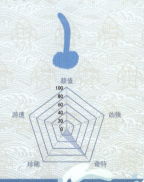

鱼类身份证

名字：花园鳗
拉丁名：Congridae
纲：辐鳍鱼纲
目：鳗鲡目
科：康吉鳗科
栖息地：太平洋西部海域
栖息深度：沙质海底
大小：体长约 40～70 厘米
技能：把自己"种"在海底

"摇摆……

　　摇摆……"

海底有一群性情非常古怪的小鱼，它们体形细长，长着可爱的卡姿兰大眼睛，外形像极了蚯蚓和蛇，平日总喜欢钻进珊瑚礁的沙质海底里，只露出一截身体来捕食浮游生物。它们随着海水流动而轻轻摇摆，从远处看，像极了花园里被风吹拂的草，因此得名"花园鳗"。

"群魔乱舞"的花园鳗

① 将终极"死宅"进行到底

海洋里不乏不善游泳的生物，可像花园鳗这么"宅"的确属"极品"。花园鳗不热衷于在海洋中自由自在地游动，相反，它们更喜欢将自己2/3的身体埋在沙质海底的洞穴里，而且像下定决心永远都不会离开那里似的。为了壮胆，它们还喜欢群居。花园鳗团体在海底蔓延开来，占据面积竟然能超过一亩地（约等于666.67平方米）！当数千条花园鳗探出头来，纤细身体随着海水的流动而集体摇曳的时候，从远处看，整个鳗群就像在跳着圆舞曲，神秘又优雅，壮观极了！

② 海底最怂的鱼

别看"群魔乱舞"的它们如此招摇，实际上花园鳗的胆子不是一般的小。坊间传闻它们可能会因紧张而死去，虽然夸张了点，但花园鳗确实是个非常神经质的家伙，只要有一丁点的风吹草动（鱼虾靠近或遭遇强光照射），它们就会将自己整个身体倏地藏匿于沙子中，仿佛在内心呐喊着："你不要过来啊！"直到周围没有任何响动之后，才会小心翼翼地探出一个个小脑袋，大大的眼睛写满了委屈，待确保安全后才会继续像水草一样摇摆。不知道"打地鼠"的游戏是不是从花园鳗身上获得的灵感。

大斑花园鳗

横带花园鳗

　　此外，花园鳗还真的"自闭"过。2020年，受新冠疫情影响，日本东京一家水族馆不得不闭馆。天性警惕的花园鳗之前已经习惯了游客的瞩目，偶尔能淡定地钻出沙子跳个"呼啦圈舞"。但闭馆后，它们渐渐忘记了人类的存在，对工作人员产生了警觉，总是把自己整个身子埋进沙子里，这让饲养员难以确定它们的身体健康状况。于是，为了让花园鳗重新与人类进行社交，这家水族馆举办了为期3天的线上见面会，工作人员在水箱前摆放了5台平板电脑，供网友和花园鳗进行视频互动。活动开展后，花园鳗对人类的警惕才有所放松。

③ "守株待兔"式觅食

这些永远不会离开自己洞穴的鱼，你可能会好奇它们是如何觅食的。在水族馆里，当投喂饵料时，原本慵懒的花园鳗会瞬间齐刷刷地把头转到同一个方向。其实它们并不是在挑战花式扭脖子，而是为了感应水流方向，以便享用到更多的美食。毕竟花园鳗以海水中的浮游生物为食，一波波的水流往往代表着美食的可能性，于是它们全都自发地面向水流的方向。

其实，花园鳗有自己独特的应对强水流的策略。在较高流速下，它们会采用弯曲姿势，而在较低流速下则采用较直的姿势。加上它们暴露在水流中的身体较少，这使得它们身体上所受的阻力大大减少，从而节省了能量。

所以，就像被"种"在海底的花园鳗，采取的几乎是"守株待兔"式的觅食方式，长期把大半个身体埋在海底，等待水流把浮游动物送进嘴里来。这种方式可比主动出击的捕食方式舒服多了。

传说中的下半身

我们看到的花园鳗只是其身体的很小一部分，它藏在沙里的身体可不是一般的长。养在水族箱里的花园鳗身长约40厘米，野生的会更长，可达70厘米左右。

然而，你以为它在沙子下面的身体一如在沙面上的笔直吗？

花园鳗在沙子下鲜少被看见的身体其实宛如小蛇般又长又细，这弯弯曲曲的模样像是被烫过的大波浪发丝。

花园鳗把尾部插进沙子里，不停地扭来扭去，钻出一个大小合适的洞，直到把身子的2/3都藏进去。同时，机智的它们还会分泌黏液来稳固巢穴，以免被激流冲走。

花园鳗神秘的下半身

5 圈粉无数的治愈萌神

　　这种胆小还死宅的小家伙自带可爱滤镜，因其探头探脑四处张望的样子和魔性的身体扭动，圈粉无数，混迹在各大水族馆中。

　　在日本，"花园鳗崇拜"渗入到了人们的日常生活中。以花园鳗形象为原型的生活用品随处可见——T恤、玩偶、抱枕、袜子等；日本京都水族馆还把每年的"双十一"定为花园鳗节（因为"1111"就像4条花园鳗）；社交软件上还有以花园鳗为主题的超人气表情包，可见这些"萌神"的魅力之大。

　　花园鳗种类繁多。其中，大斑花园鳗个头"威武"，浅色身体上布满了大大小小的黑色斑点；横带花园鳗则是花园鳗家族中的颜值担当，名气在外的它们橙白相间，像一颗颗圣诞节的拐杖糖，也像被拉得很长的小丑鱼，可爱极了。

　　呆萌的花园鳗就是这样一条条小懒虫，过着一种看似悠闲却充满了惊险的生活。它们慢悠悠地伸展身体，展示着独特的花纹和迷人的色彩。柔软的海床成为它们舞蹈的舞台，每一次的起伏都带动着周围的沙粒，犹如一个精致的海底花园。

专心搞鱼疗事业

裂唇鱼

鱼类身份证

名字：裂唇鱼
拉丁名：*Labroides dimidiatus*
纲：辐鳍鱼纲
目：鲈形目
科：隆头鱼科
属：裂唇鱼属
栖息地：印度洋、太平洋珊瑚礁海域
栖息深度：1～40米
大小：体长6～10厘米
技能：给海洋大佬们做"鱼疗"

一说到像怪物一样的裸胸鳝、"鱼见鱼怕"的鲨鱼，还有"毒你没商量"的河鲀，海洋中的小鱼小虾们都会退避三舍。可是，有一种小小的鱼儿却能肆无忌惮地在这些"狠角色"的口中和鳃盖下游来游去，甚至当它们遇到危险时，这些凶猛的生物还会保护它们。究竟是谁有那么大的本事呢？

　　原来，这就是海底大名鼎鼎的"鱼医生"——裂唇鱼。裂唇鱼分布甚广，在印度洋、太平洋中都能找到它们的身影。它们体形娇小如拇指般大小，而且身体薄薄的一片，像在水中飘动的飘带，因此也有一个可爱的昵称叫作"飘飘"。它们齿尖而利，以其他鱼类体表的寄生虫和死皮组织为食。

　　其中最出名的是蓝带裂唇鱼（*Labroides dimidiatus*），它背部浅褐色，腹部乳白色，身上还有一道迷人的黑色条纹，从嘴巴一路延伸到尾鳍后方。而鱼身后半部的蓝色让这道黑色条纹更加显眼。

"亲，欢迎光临！做个鱼疗吧，有病治病，无病强身！"这是"鱼医生"在招揽生意。石斑鱼大哥点点头说道："我最近全身痒痒的，不得劲儿！"说着就配合地张开嘴巴和鳃盖，"鱼医生"立即里里外外地忙活起来。它们专心致志地一口一口吃掉"病人"身上的寄生虫。"我顿时觉得皮不痒了，牙齿也干净许多，全身舒畅极了！您的医术真是高明！"石斑鱼心满意足地称赞道。"亲，满意请记得给五星好评哦！""鱼医生"在石斑鱼离开的时候不忘提醒道。

这就是裂唇鱼"诊所"的日常。每天都会有各种奇奇怪怪的"病鱼"来"寻医"。由于鱼类没有手，想清洁自己的身体并不容易，所以长期被寄生虫、霉菌、污垢所困扰。裂唇鱼是天生的"鱼医生"，其鲜明的体色和那条黑色条纹相当于鱼类世界里的"白大褂"，它们治病不靠药，而是用它们手术刀般的锐利牙齿。这些被裂唇鱼吃掉的寄生虫和坏死组织，就是接受"医疗服务"的海洋生物付给"大夫"的医药费。

说来也很有趣，在海底，"病鱼"与"鱼医生"之间的医患关系相当融洽。病鱼像遵守着某种神圣不可侵犯的规则，就诊时会主动张开大口和鳃盖，保持不动，用这种高度刻板的姿势向对方表达自己不会攻击并想要清洁的意愿，任由"鱼医生"在它们口腔、鳃腔或身上游来游去地捕捉寄生虫和清除污物。即使是凶残的大鱼，此时也表现得非常老实。它们有的侧卧，有的倒立，有的笔直地悬浮在水中，任凭鱼医生"摆布"。

"鱼医生"在"治病"

　　也许你会问，这些凶残的大鱼会不会趁机把裂唇鱼吃掉？其实，这种事情是不会发生的。裂唇鱼在见到"病鱼"时会展开尾鳍，上下摆动，以这种特定的泳姿来提醒那些病鱼："我是清洁工作者，千万别把我和食物搞混了哦！"即使有时候误吞了裂唇鱼，病鱼也会把它们吐出来。甚至还会在裂唇鱼遇到危险的时候保护它们。这也是常见的互利共生现象。

　　据统计，一条裂唇鱼每天"工作"大约4小时，给超过2 000条病鱼做治疗和护理，堪称海底最强"打工鱼"！深圳小梅沙海洋世界就曾经从海南专门引进了25条裂唇鱼帮助治疗病鱼。

就诊中……

医师

患者

② "讲卫生"的鱼儿更聪明

有研究证明，被裂唇鱼"治疗"过的鱼类更健康、更聪明。研究者把生活在澳大利亚蜥蜴岛海域珊瑚礁的裂唇鱼转移到了其他地方，经过长期观察，发现在没了裂唇鱼的珊瑚礁上，鱼类物种数量减少了近一半，鱼类种群数量减少了3/4。虽然还有部分鱼类生活在珊瑚礁上，但它们的体形比以前小了很多。

此外，没有裂唇鱼的清洁服务后，其他鱼的认知能力也出现了明显下降。有研究以裂唇鱼服务的常客雀鲷作为实验对象，雀鲷需

要根据盘子的颜色来确定食物的位置。结果显示，并非所有雀鲷都能通过测试，而那些接受过裂唇鱼清洁服务的鱼能更快地通过测试。

由此推断，寄生虫有可能是导致鱼类健康和智力下降的罪魁祸首。那些未得到裂唇鱼清洁的鱼，可能被寄生虫弄得全身痒痒的，导致无心思考并解决问题。这样说来，多亏了"鱼医生"，使珊瑚礁生态系统中生物的智力水平得以提高。

③ 小小机灵鬼

裂唇鱼不仅可以提高自己"客户"的智力，而且它们本身也是一种非常聪明的鱼类。它们甚至通过了一项由来已久的智力测验——能从镜中认出自己，这意味着它们跟人类、黑猩猩、海豚等动物一样，具有过人的智力。

日本大阪市立大学的生物学家们对裂唇鱼进行了实验。研究者将10条从野外捕捉的裂唇鱼放进装有镜子的鱼缸，然后将一种无害的褐色胶体注射到其中8条鱼的皮下。当它们看到镜中的褐色斑点，误以为是寄生虫，试图将其蹭掉。而把镜子撤掉后，有染色标记的小鱼却不再摩擦自己的身体。这一结果意味着，鱼儿能认出镜中反射的是自己的身体。

④ 不讲武德的"冒牌货"

　　裂唇鱼"诊所"的红火生意导致一些"山寨鱼医生"纷纷效仿。这些"冒牌货"指的是三带盾齿䲁（*Aspidontus taeniatus*）。它看上去像是裂唇鱼的亲兄弟，有着跟裂唇鱼相似的纵带，喜欢模仿裂唇鱼游泳的姿态，在"鱼医生"的队伍中鱼目混珠，装作要帮大鱼清洁趁机咬下一口鱼鳍和肉，偷袭完成后就溜之大吉。

　　看来，海底世界也需要"打假"，鱼儿们想要找到真正的"鱼医生"必须擦亮双眼！

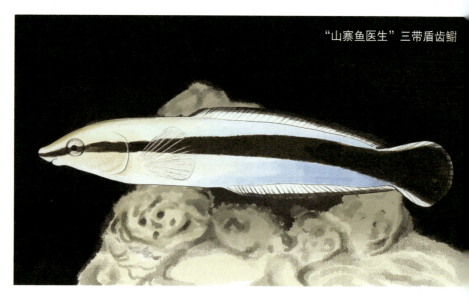
"山寨鱼医生"三带盾齿䲁

六

公认的"斜杠青年"

鹦嘴鱼

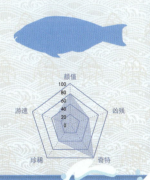

鱼类身份证

名字：鹦嘴鱼
拉丁名：Scaridae
纲：辐鳍鱼纲
目：鲈形目
科：鹦嘴鱼科
属：鹦嘴鱼属
栖息地：热带与亚热带的珊瑚礁海域
栖息深度：1～50米
大小：体长一般13～30厘米，最大可
　　　达150厘米
技能：制造白沙

鹦嘴鱼，顾名思义就是嘴型酷似鹦鹉的鱼，身体浑圆饱满，大多数还有着绚丽的色彩，主要栖息于热带和亚热带的珊瑚礁海域，其餐单包括珊瑚、贝类、海胆等无脊椎动物和藻类。鹦嘴鱼科是个大家族（全球有近100种，我国西沙群岛海域有34种）。最小的蓝藻鹦嘴鱼，体长仅13厘米，而最大的隆头鹦嘴鱼体长可达1.5米，体重可达75千克。

鹦嘴鱼永远合不拢的嘴长着一口龅牙，有种每时每刻都在傻笑的错觉。别看这些"大憨憨"爱笑爱吃爱拉爱睡觉，它们可是公认的"斜杠青年"——珊瑚丛林"园艺师"、制造沙子的"建筑工""露营爱好者"都是它们引以为豪的身份。如此分身有术，想必绝技多多。

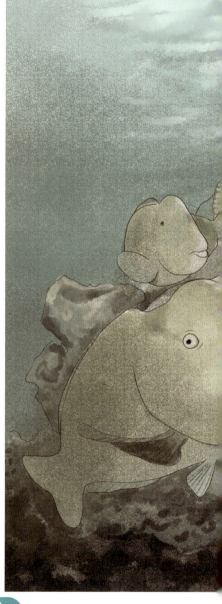

 打翻了调色盘的鱼

鹦嘴鱼整体体色以蓝色和绿色为主，并点缀着彩色的斑纹。其中锈色鹦嘴鱼的绚丽外观充分展现了大自然奇妙的配色技巧，而蓝夹鹦嘴鱼更是将湛蓝色发挥到了极致，它们像有强迫症的艺术家，把

浩浩荡荡的隆头鹦嘴鱼"团伙"

蓝色的饱和度调至100%，成为了地球上少有的全身几乎都是蓝色的生物之一。

　　然而，也并不是所有的鹦嘴鱼都拥有让人羡慕的绚丽体色。隆头鹦嘴鱼就是个悲伤的特例。

 "随便长长就算了"的隆头鹦嘴鱼

　　隆头鹦嘴鱼是鹦嘴鱼家族中的"大哥大"。它们毅然摒弃了靓丽的外表，披着一身暗沉的绿褐色，凭实力长成了鱼类世界中长相最寒碜的动物之一。

　　它们的怪异长相着实惊掉了许多人的下巴——裸露在外面的牙齿（非常像长年老烟枪的烟渍牙），还有粉红色"焦头烂额"，如

以被铁锤砸扁了一样。它们体形壮硕，体长可达 1.5 米，体重可达 75 千克。

隆头鹦嘴鱼还是一群脾气暴躁的家伙，动不动就互撞脑袋干架。作为珊瑚礁系统中独有的大型鱼类，爱拉帮结派，喜欢浩浩荡荡地在水中穿梭。该团伙数量最多的时候可以达到 75 条。试着想象一下，它们负 100 分的长相加上 1 米多长的身板，扑腾着胸鳍从珊瑚顶端或群掠过，那种震撼场面让人终生难忘（惊吓）。

③ 会织"睡袋"的精致 fish

鹦嘴鱼非常重视"好好睡觉"这件事。它们"梦周公"的习惯也很有趣。与其他躲进珊瑚缝隙或礁石隐蔽处睡觉的珊瑚礁鱼类不同，每当夜幕降临的时候，它们会分泌黏液形成"茧"，像一层透明的结界，又像人类轻薄的蚊帐，将全身严严实实地包裹起来，在里面待着，一动不动，看起来像是静止了一样。这个"睡袋"作用很大，可以将鹦嘴鱼的气味隐藏起来，免受寄生虫的侵害，还可以避免被捕食者找到，免遭杀身之祸。说到这，真是让人不禁要给鹦嘴鱼的机智点赞。

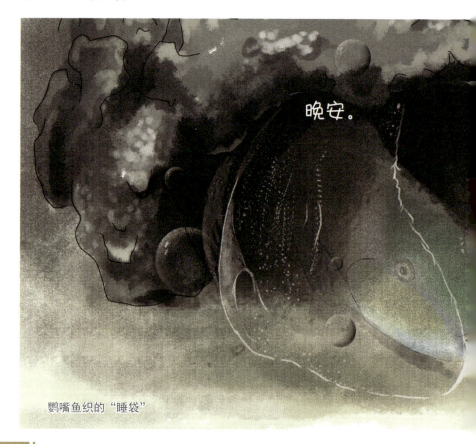

晚安。

鹦嘴鱼织的"睡袋"

4 地表最强咀嚼者

身为海洋世界里数一数二的大吃货，鹦嘴鱼一生80%的时间在觅食和进食。它不仅能咬碎粗硬的海藻，而且连多刺的海胆和坚硬的珊瑚也照吃不误。如此豪横，关键得益于它出了名的好牙口。

鹦嘴鱼嘴里的牙齿不是一颗一颗的，居然是由1 000多颗小牙组成的，坚硬无比。其上下颌齿愈合成了一排齿板，形如鹦鹉的喙，表面凹凸不平。它的牙齿是由世界上最坚固的生物矿物质之一——氟磷灰石组成的，据说能承受约80多头大象的重量！

就这样，鹦嘴鱼坚韧的齿板使其能够轻松啃食珊瑚以及覆盖在

礁石上的藻类，成为妥妥的地表最强咀嚼者。它们刮食珊瑚上的藻类，或毫不客气地一口咬断珊瑚嫩枝，再用由鳃弓演化而来的咽齿将其细细磨碎。鹦嘴鱼群啃食珊瑚发出的"咔嚓咔嚓"声那可是相当震撼！

5 珊瑚"保护神"

在珊瑚礁生态系统中，鹦嘴鱼扮演着举足轻重的角色。

你可能不相信，这个长了一口好牙的家伙竟然也吃素。虽然它们有时也会以其他小动物为食，如珊瑚虫等无脊椎动物以及浮游动物，但它们更多是冲着

珊瑚上长着的藻类而去。当藻类生长过于茂盛时，鹦嘴鱼就充当起珊瑚丛林中的"园艺师"。它们的工作就是在珊瑚礁边上不停地转悠，一旦看到哪个珊瑚礁藻类过于茂盛就去"修剪"，从而把珊瑚礁家园打理得井井有条。这能有效地控制海洋中藻类的数量，让珊瑚虫能够顺利附着，促进珊瑚的补充和生长，因而鹦嘴鱼被誉为珊瑚礁的"保护神"。

6 天然的"造沙机器"

鹦嘴鱼爱吃也爱拉。一个冷知识：浪漫迷人的白色沙滩其实是由鹦嘴鱼的便便堆积而成的。

鹦嘴鱼主要吃珊瑚上的藻类，可是为了提高干饭效率，它们会采取一种简单粗暴的方式——连珊瑚礁石一起吃。它们那像石磨一样的咽齿能将珊瑚礁磨成细小的颗粒，然后又把它们排出体外成为沙子。大部分沙子被洋流带走，形成了一个又一个美丽的沙滩。可以说，每条鹦嘴鱼都是一个超强的"造沙机器"。

研究显示，鹦嘴鱼的便便占珊瑚礁沙总量约80%，一条鹦嘴鱼每年可排出细沙200～300千克，而隆头鹦嘴鱼更是可以制造近吨细沙。马尔代夫每年新形成的沙子有85%是鹦嘴鱼的功劳，加勒比海域的白色沙子97.6%是由鹦嘴鱼制造出来的，而夏威夷的一条鹦嘴鱼每年产的沙子甚至能把一个成年人从头到脚覆盖！

以后，当你走在迷人的白沙滩上时，会不会想对鹦嘴鱼说："听我说，谢谢你……"

反"卷"大师

鲫鱼

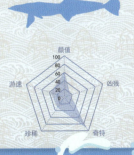

鱼类身份证

名字：鲫鱼

拉丁名：*Echeneis naucrates*

纲：辐鳍鱼纲

目：鲈形目

科：鲫科

属：鲫属

栖息地：印度洋、太平洋、大西洋的热带
和温带海域

栖息深度：20～50米

大小：体长约100厘米

技能：万物皆可吸

像被造物者"踩"了一脚的鲫鱼

　　"骑"着鲸鱼冲浪、轻松拿捏魔鬼鱼，还敢在鲨鱼身上撒野的鱼，究竟是一种什么神奇的存在？它就是海里的"逃票旅行家"——鲫鱼。

　　鲫鱼喜欢在鲨鱼或其他较大海洋生物的身体上搭顺风车。小的鲫鱼长约30厘米，大的能达1米以上。虽然体形相差悬殊，但一眼就能看出它们是一家人，因为它们都有一个鲜明特征——头顶上有个像被人狠踹过的"鞋底印"（下颚比上颚还长，从侧面看就好像长反了一样），想必在整个海洋界也很难找到类似的鱼了。

① 懒出天际的"懒神"

鲫鱼堪称是世界上最懒的鱼。其他鱼不管怎么懒，起码游泳都还是靠自己，但鲫鱼连游泳都不想，找准机会就往其他"大哥"身上一贴，一趴就是几个小时，一动不动，搭个便车，零消耗就能遨游海底的花花世界。

虽然俗话说，"勤不富也饱，懒不死也饿。"可这"懒神"却不会饿肚子。为了把懒发挥到极致，鲫鱼把背鳍演化成"吸盘"，碰到个"大冤种"，不管三七二十一，就吧唧吸上去，然后悠哉悠哉地被"车主"带着满世界跑。

然而，鲫鱼对自己的宿主并非忠心耿耿。当到达饵料丰富的海区，它便脱离宿主，下车觅食，等到吃饱喝足了，再另投明主，开启下一趟免费旅行。

我吸我吸我吸吸吸

鮣鱼奉行着"万物皆可吸"的信条，基本是逮到什么吸什么。遇见海龟，吸！碰到儒艮，吸！就连潜水员都不放过，心大的它们甚至连海洋顶级掠食者的鲨鱼都敢吸。反正不管合不合适先吸上去再说，前方管它是福是祸，死缠到底就对了！

虽然说鲫鱼好像什么都可以吸，但它们还是有所偏好的。它们不太爱吸在鲸类身上：虎鲸经常要到水面上换气，太活泼好动，鲫鱼受不了；抹香鲸喜欢深潜到1 000米找大王乌贼干架，这对鲫鱼来说也不妙；座头鲸会到阿拉斯加吃鳕鱼，蓝鲸会到南极海域吃磷虾，这么寒冷的地方鲫鱼不愿跟去。所以，它们多数情况下只能老老实实地跟着鲨鱼大哥和蝠鲼大姐混了。

3 "蹭车"还蹭吃蹭喝

鲫鱼如此不遗余力地想吸到别的鱼身上去，可不仅仅只想搭便车，主要是为了蹭吃蹭喝。

众所周知，鲨鱼吃东西十分简单粗暴，撕扯中不少碎肉块会掉出来，大哥吃掉大块的肉，小弟们则捡捡零碎，一点都不浪费嘛！另外，像鲸鲨、蝠鲼等这些滤食性动物，总是能找到浮游生物密集的地方，鲫鱼就这样过上"饭来张口"的生活。此外，吸附在"大哥"身上的它们，还能"狐假虎威"地避开敌人的袭击；而那些被鲫鱼吸附的"冤种"，一旦被吸上了，就像狗皮膏药似的怎么甩都甩不掉。

趴在鳄形圆颌针鱼身上的鲫鱼

4 神奇的"吸盘"

烦死龟了！

再来扒一扒鮣鱼"行走江湖"的重要"法宝"。别看这"吸盘"长得像个鞋底印，设计却十分精巧，甚至超过人类精加工的产品。

鮣鱼背部原本有两个背鳍，但第一背鳍在进化过程中变成了一个椭圆形的"吸盘"。"吸盘"中间有一条纵线，将其分为左右两个部分。每边都有 22～24 对整齐排列的软骨板。"吸盘"的周围被一圈薄而有弹性的皮膜包围，质感类似于硅胶密封圈，具有出色的密封性，且内部的板条结构都倾斜向后。

当鮣鱼把"吸盘"贴到大型海洋动物身上后，立即竖起吸盘上的皮膜和软骨板，排出里面的空气和水，形成一个相对真空的环境。然后将整个身体向后移动，从而增加吸附力。简单来说，就是说宿主游得越快，鮣鱼产生的吸力就越大。当鮣鱼想离开宿主的时候，只需要向前游一下，便可轻松脱离，实现说走就走的"旅行"。

那么，鮣鱼"吸盘"的吸力到底有多大呢？著名小说《大白鲨》的作者彼得·本奇利在海里潜水时，就曾直接抓着一条蝠鲼上的两条鮣鱼游行，可见鮣鱼的吸力之大。

嘿嘿，省劲儿。

求被鲫鱼吸住的海龟心理阴影面积

 人类派来的"卧底"

　　虽然鲫鱼"抓住了就不撒手"的本事十分有利于它们搭便车，但对于海里某些生物来说就很悲催了。

　　据说当年哥伦布发现新大陆时，在古巴沿岸就看见当地渔民用印鱼来捕鱼。即使到了今天，在非洲东部、古巴沿海、马达加斯加岛屿等地，仍然有渔民采取这种"以鱼捕鱼"的方式。

　　当地的渔民平时会饲养鲫鱼，出海时就在鲫鱼尾巴上系上绳子，把鲫鱼放回大海里。鲫鱼一回到海里，第一件事就是想找大哥"贴占"。一吸到海龟等大家伙，渔民们就往回拽绳子，拽得越紧，鲫鱼就吸得越紧。可怜的大哥们虽然奋力挣扎，但无奈这位"猪队友"怎么也不肯撒手，最后只能被活活地拖到渔船上。

6 打开人类的灵感之窗

受鲫鱼"吸盘"的启发，科学家们发明创造出了新奇的工具和设备。

2017年，北京航空航天大学和哈佛大学的团队仿效鲫鱼的超能"吸盘"，联合创造出一款仿生吸盘，水下承受拉力高达437牛顿，让水下机器人能够完成复杂而精确的水下取样作业。而在202?年，北京航空航天大学更进一步成功研制出了能飞能游泳、能在空气和水中都保持吸附能力的"鲫鱼软体吸盘机器人"。这种机器人在吸附状态下能大大减少能量的消耗，比空中飞行能量消耗减少约98%，比水下潜航减少约95%，在各种开放环境中的观测调查数据都证明了其具有广阔的应用前景。

仿生吸盘在未来的国防科技、水下救援、海洋保护等众多领域中有很大应用潜力。未来，如果科研人员能制造一个超强吸盘的机器人，像鲫鱼一样能吸附在鲸鱼和鲨鱼身上环游世界，这不仅可以采集有意义的生物和环境数据，还能为科学家们提供解密海洋生态系统和地球环境保护的新线索呢！

神气领头羊

羊　鱼

鱼类身份证

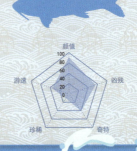

名字：羊鱼
拉丁名：Mullidae
纲：辐鳍鱼纲
目：鲈形目
科：羊鱼科
栖息地：印度洋一太平洋海域
栖息深度：20～40米
大小：体长可达60厘米
技能：搅拌沙子

颜值
100
80
60
40
20
0
游速　　凶残
珍稀　　奇特

长 "胡须" 的鱼（多带副绯鲤）

　　在印度洋和太平洋的温热水域，在礁石与沙底相邻的地带，生长着一群长着帅气 "胡须" 的鱼——羊鱼。羊鱼科（Mullidae）是一类体色鲜艳的中小型食用鱼类，该科最常见的就是绯鲤属（*Upeneus*）。

　　"绯" 在字典里的意思是红色，因此绯鲤一般体色呈红色。由于长着奇特的 "胡须"，加之肉质鲜嫩，据说在古罗马时期，人们对羊鱼情有独钟，是当时一种名贵的食用鱼。

下面借着绯鲤有趣的别名认识一下它们几个主要的家族成员吧。

条斑副绯鲤，在厦门也常被当地渔民们亲切地称为"秋姑"或"须哥"，在闽南语中"须"和"秋"发音相同。体银白色或粉红色，由吻部经眼睛至背鳍软条部下方具一黑褐色纵带；尾柄近尾鳍基部具一大圆形黑斑；背鳍棘部灰色具浅粉红色斑。

条斑副绯鲤

无斑拟羊鱼，闽南一带的人们因其体色红润、颇有妇女之貌，给它们起了一个和其胡须极不相称的别名——"红娘子"（白长了一对长胡须了）。

无斑拟羊鱼

多带副绯鲤，广东有些地方又会戏称为"二叔公"。其背部颜色较深，腹部则为浅白色，体侧具5条窄的黑色横带，横带未达胸鳍下方，其中第一至第三条通常模糊不清；头部具一条黑色纵带，自吻部经眼而止于鳃盖后上角；尾鳍分叉，背鳍两个。

多带副绯鲤

② 蓝色大海的"锦鲤"

我们在公园里见到的锦鲤也长着"胡须",那么绯鲤是不是就是人们常说的"转发这条锦鲤"的吉祥鱼呢?

回答这个问题前,我们先来了解一下锦鲤和绯鲤的生物学分类。锦鲤隶属鲤形目鲤科鲤属,是一群栖息于内陆水域的淡水鱼类;而绯鲤则属鲈形目羊鱼科绯鲤属,生长在印度洋—太平洋海域。答案不言而喻了:绯鲤并非锦鲤,虽然它们都长有触须,且都生性活泼,但它们其实是两种完全不同的鱼类。

首先,锦鲤的体色绚丽多样,有红色、黑色、白色等,常见的锦鲤一般是红白两色或红黑白三色的;而绯鲤则多是红色系。其次,锦鲤虽然也有触须,但却很短,通常只有几毫米长;绯鲤的触须则非常修长,像山羊的胡须。最后,锦鲤因其鲜艳的色彩和矫健的游姿,成为颇受欢迎的观赏鱼,而绯鲤鱼肉细致,油炸、红烧或煮汤味道皆可口,是常见的食用鱼。

3 小胡子大用处

　　众所周知，胡须是人类成年男子的一个特征。那么羊鱼的"胡须"难道只是为了装酷而生吗？当然不是，它们的"胡须"其实有着非常重要的作用。

　　羊鱼是底栖鱼类，就喜欢待在暖水和热带海区的珊瑚礁、沙泥或者砾石底部，过着自己的小日子。可问题来了，生活在一片漆黑

"胡须"是羊鱼的捕食利器（无斑拟羊鱼）

的沙海里，它们怎么才能填饱肚子呢？聪明的羊鱼找到了解决办法。

　　轮到它们颌下那对长长的"胡须"上场了，对它们而言，那就相当于水下雷达。它们的"胡须"不只有触觉，还有嗅觉，这让羊鱼化身为一个个装备了超感应器的海底神探。当它们在沙海中游弋时，大"胡须"随着水流摇摆，一旦有小鱼小虾出现，羊鱼便能敏锐地感知周围的动静，第一时间发现可口的食物。

4 羊鱼牌"沙子搅拌器"

当羊鱼不觅食时，它们会巧妙地将"胡须"收到喉咙深处，但当饥饿感袭来时，就会毫不犹豫地把那撮"胡须"伸出来，变成一个独特的"沙子搅拌器"。

它们会边游边用羊鱼牌"沙子搅拌器"将水底的泥沙翻起，不断搅动着水中的微粒，让水变得浑浊不堪，就好像是在进行一场神秘的"海底扫描"任务，不停地搜索着小鱼、小虾们留下的蛛丝马迹。一嗅到可疑目标的气味，它们就开启攻击模式，迅速展开进攻。真是一群为了吃而不屈不挠的小战士！

5 喜欢拱沙子的"领头羊"

羊鱼不是吃素的，海藻、海草统统不是它们的菜。它们更喜欢潜伏在沙子里面的小动物，特别是那些藏身于底部的无脊椎动物。

羊鱼胆子比较大，个性活泼好动，经常会成群结队地在空旷的沙地上找食物。捕食的时候非常活跃，发动攻击时会剧烈地翻动身体，借助触须把沙中生物从藏身之处驱赶出来。正是因为羊鱼这拱沙子式的捕食方式，我们常常可以在珊瑚礁水域看到它们身后跟着一群如刺尾鲷、蝴蝶鱼、隆头鱼等的鱼类，沿路捡漏一些在浑浊沙子中惊慌失措、四处逃窜的小鱼小虾。就这样，羊鱼竟真的成了海里霸气的"领头羊"。

颜值天花板

蝴蝶鱼

鱼类身份证

名字：蝴蝶鱼
拉丁名：*Chaetodon*
纲：辐鳍鱼纲
目：鲈形目
科：蝴蝶鱼科
属：蝴蝶鱼属
栖息地：广泛分布于世界各温带到热带海
　　　　域，但绝大多数生活于印度洋—
　　　　西太平洋区，尤其是珊瑚礁海域
栖息深度：一般 1～30 米，有的栖居在
　　　　　200 米以深海域
大小：体长 10～30 厘米
技能：美就完事了

西沙群岛珊瑚礁如同绚烂的花园，每天，有一群五彩斑斓的小鱼摆动着灵动的身姿，像缤纷的蝴蝶穿梭其中。它们经常游入海底纪录片的镜头里，鲜艳的体色和独特的花纹使其成为大海里的小明星。它们的名字如外形一般美丽——蝴蝶鱼。

蝴蝶鱼体呈菱形或近椭圆形，且十分侧扁，吻尖嘴突。它们有着众多兄弟姐妹，绝对称得上是"水中大家族"，种类可以细分至100多种（西沙有39种），广泛分布于世界各温带到热带的海域，尤其是珊瑚礁海域。最常见于浅水（不到20米）珊瑚礁附近，因此如果你在珊瑚礁区浮潜或深潜，经常可以看见它们美丽的身影。当然，也有一些喜欢安静的鱼儿在200米以下的深水栖居。

蝴蝶鱼作息十分健康，是很典型的日行性鱼类，白天出来找东西吃，晚上躲进珊瑚礁洞里面休息。它们为杂食性鱼类，有的从礁岩表面啄食躲藏在缝隙里的小型无脊椎动物及藻类，有的在水层中捕食浮游动物，有的只吃活珊瑚的水螅虫等。

 ## 撒足"狗粮"的海中鸳鸯

不像其他"多情"的鱼类，蝴蝶鱼对爱情忠贞专一，奉行一夫一妻制。它们以珊瑚礁为家，成双成对地游弋、戏耍，形影不离，好似陆生鸳鸯，"旁若无鱼"，撒足"狗粮"。

当两尾蝴蝶鱼面对面游在一起的时候，仿佛是在亲密对话，又像在优雅地跳着一支精巧的双人舞。它们每一次尾部的拍动都似乎带着一片柔和的水纹，将它们包围在温柔的舞台上；当一条蝴蝶鱼在觅食时，另一条便紧密环绕在它周围，宛如一名专业警卫，警觉地观察着海底的每一个动静，以确保对方的安全。

出双入对的蝴蝶鱼（弓月蝴蝶鱼）

② 颜值天花板

　　如果要在海底举办一场鱼类选美大赛，那么蝴蝶鱼肯定是争夺桂冠的热门选手。身为珊瑚礁最美的"精灵"，它们的颜值一条比一条美，让海底世界变得美轮美奂。下面来欣赏一下蝴蝶鱼那色彩斑斓、绚丽多姿的海底时尚秀吧！

　　扬幡蝴蝶鱼，又被称为人字蝶，它的身形犹如展开的帆旗，在水中游动时就像一位水中旗手，那清晰而规整的"人"字形纹路在水中舞动，给人一种神气又优雅的感受。

人字蝶（丝蝴蝶鱼）

鞭蝴蝶鱼画着一条黑色眼线，俨然一位时髦的超模。其下颚金黄色，臀鳍边缘还点缀着一抹金黄色。背部后半部分具一椭圆形的黑斑，边缘镶着一圈白色，非常抢眼。基调整体呈金黄色，腹部有几条浅蓝色的纵条纹，犹如一幅美丽的画作。

鞭蝴蝶鱼

斑带蝴蝶鱼像极了一位举止优雅的花花公子，侧面装点着约8条黑线，尾巴处的橙色就像是一颗时尚的饰品，边缘还点缀着迷人的黄色。头部有一条黄色的眼带，比眼睛的直径窄细，一直延伸到鳃盖的边缘。每一个细节都是如此精致。

斑带蝴蝶鱼

这条叫弓月蝴蝶鱼的帅气"王子"，有着亮黄色的扁平躯体和嘟嘟的嘴巴。幼年期尾柄处会有黑色的假眼斑，成年后变成白色。眼睛周围被一道帅气的黑色眼罩环绕。身上整齐地排列着横向条纹，黄黑相间的配色非常亮眼。

然而，活着不易，鱼儿叹气。这么玲珑可爱、娇俏美丽的蝴蝶鱼，也有它们的烦恼。由于长得太吸引眼球，加上身躯弱小，遇到危险只能遵循"打不过就逃"的生存法则。于是，它们在不断逃避天敌的过程中，总结出了3条保命法则。

3 爱玩"躲猫猫"的鱼

蝴蝶鱼体形娇小，身长一般约15厘米，最多也只能长到30厘米左右，在弱肉强食的海底世界，这样的身形生存不易。于是，小蝴蝶鱼干脆就化劣势为优势，利用自己扁扁的小身板，在珊瑚礁的缝隙中灵活穿梭。

当遇见掠食者时，生性胆小的它们便会迅速而敏捷地消失在珊瑚礁或岩石缝隙里，面对这些"躲猫猫"高手，那些体形较大的鱼类只能望鱼兴叹，扫兴而归。蝴蝶鱼突出的嘴巴小小的、尖尖的，也特别适合伸进珊瑚洞穴去捕捉无脊椎动物。这就是蝴蝶鱼保命法则一。

弓月蝴蝶鱼

4 巧妙的障眼法

蝴蝶鱼既爱打扮，又爱迷惑人。它们的保命法则二就是巧妙的障眼法。有些蝴蝶鱼在背鳍后端靠近尾巴处、与头部眼睛相对称位置具一黑色斑块，宛如鱼眼，专业术语叫"伪眼"，而真正的眼睛反而以一条黑色色带来掩饰。掠食者常受尾部黑斑的迷惑，误把鱼尾当作鱼头。当掠食者向其"伪眼"袭击时，蝴蝶鱼就会鱼鳍一摆，一溜烟地逃之夭夭。

5 换装高手

蝴蝶鱼生活在五光十色的珊瑚礁中，它们常年与珊瑚礁做伴，有些蝴蝶鱼如同能快速换装的超模，其艳丽的体色可随周围环境的变化而改变。

以假乱真的"伪眼"（双丝蝴蝶鱼）

这是因为蝴蝶鱼的体表有着大量色素细胞，在神经系统的控制下，这些细胞可以灵活地展开或收缩，从而使鱼的体表呈现出不同的色彩。加上精致的花纹，蝴蝶鱼做到了以假乱真，从而巧妙地愚弄了敌人的眼睛。这是它们的保命法则三。

美丽的蝴蝶鱼就是凭借这3条保命法则，在充满挑战的海底世界和亿万年的演化竞争中，成功为自己赢得了生存的一席之地。

聪明绝顶的鱼大厨

猪齿鱼

鱼类身份证

名字：猪齿鱼
拉丁名：*Choerodon*
纲：辐鳍鱼纲
目：鲈形目
科：隆头鱼科
属：猪齿鱼属
栖息地：印度洋—西太平洋区
栖息深度：10～60米
大小：体长最大可达100厘米
技能：会使用工具

猪齿鱼，这名字听起来像是一个混合了猪和鱼的奇怪生物，可它们竟然是海洋中美貌与智慧并存的"网红"？

猪齿鱼活跃在印度洋—西太平洋区，我国南海和东海也是它们的常驻地，最爱混迹于那些海藻丰富的岩礁海区或者礁沙混合区域。它们不仅长得好看，智商也在线，简直就是海洋界的"学霸"鱼！

① 美出特色的鱼

猪齿鱼在鱼界称得上是高颜值，拥有椭圆的流线型身体，每一片鳞片都熠熠生辉。

这位"美人"美得还很有特色。它上下颌前端长有4枚大犬齿，这些犬齿坚韧有力，无一例外地露在外面，犹如野猪的獠牙，因此得名猪齿鱼。4颗"猪齿"为其增添了几分威严，散发着一种不容小觑的气息。而事实上，这是猪齿鱼"干饭"的秘密武器。

不同种类的猪齿鱼长得五花八门，体长和体重也有所不同。其中舒氏猪齿鱼（*Choerodon schoenleinii*）的体形非常大，最大的体长可

鱼中"美人"——猪齿鱼

达到 1 米左右，几乎可与世界上最大的乌贼——伞膜乌贼媲美，体重更是达到了 15 千克，相当于普通鱼类的好几倍。由于肉质鲜美，很快就"C位出道"[1]，与老鼠斑（*Chromileptes altivelis*）、东星斑（*Cephalopholis miniata*）、苏眉（*Cheilinus undulatus*）一起被誉为香港"四大名鱼"。

 只此青绿

上文提到的舒氏猪齿鱼，由于有着青色的美丽外表，而被香港人称作"青衣"（中国戏曲中旦行的一种，因所扮演的角色常穿青色褶子而得名。扮演的一般都是端庄、严肃、正派的人物，大多数是贤妻良母，或者是贞节烈女之类的人物）。自从有了"青衣"这个高大上的雅号，舒氏猪齿鱼的身价水涨船高，于是不少商贩开始钻空子，用市场价格低的、同样是青绿色的鱼来"碰瓷"。

这种鱼就是青点鹦嘴鱼（*Scarus ghobban*）。不得不说，它和舒氏猪齿鱼长得还挺像，不仔细看还真容易被忽悠。不过，它俩可没有血缘关系——舒氏猪齿鱼属隆头鱼科，而青点鹦嘴鱼属鹦嘴鱼科。

这里教大家 3 个辨别真假"青衣"的小妙招：第一，看牙齿。猪齿鱼有 4 颗犬牙（可以合起来），而鹦嘴鱼却长着一排憨憨的龅牙（合不起来）。第二，看鱼鳞。首先，舒氏猪齿鱼身上有一块标志性的小黑斑，青点鹦嘴鱼则没有；其次，舒氏猪齿鱼每块鳞片都有一段蓝色垂直线，蓝线在后半段呈点状，而青点鹦嘴鱼只有网格状的鱼鳞。第三，看鱼尾。舒氏猪齿鱼的尾柄呈蓝色，而青点鹦嘴鱼的尾部有亮黄色条纹。

---

[1] "C位出道"为网络流行语，一般指在选秀节目中，人气最高的那一位。

3 聪明绝顶的"鱼大厨"

　　猪齿鱼是典型被名字耽误的鱼，实际上，它们是名副其实的鱼中"智者"。猪齿鱼还是目前所发现的唯一一种会使用工具的鱼类，这让人们不禁对它们的智商刮目相看。

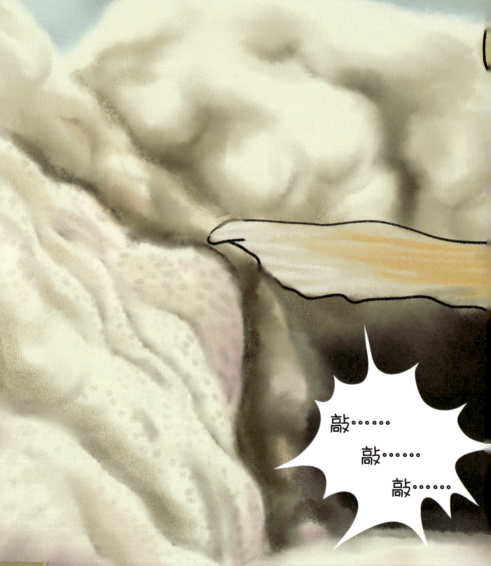

《蓝色星球》中的鞍斑猪齿鱼在使用工具捕食

英国广播公司（BBC）制作播出的《蓝色星球》第二季里就有个关于鞍斑猪齿鱼（*Choerodon anchorago*）的名场面。这位无肉不欢的"鱼大厨"每天穿梭于海底的珊瑚礁中，像一位执着的美食家一样努力寻找它的完美食材——蛤蜊。但是蛤蜊有坚硬的外壳保护，对于没有手的小鱼来说，要吃到蛤蜊肉可不是那么容易的事。幸好猪齿鱼有奇特的绝技。

一发现蛤蜊，猪齿鱼马上化身为一名"顶级特工"，稍微侧过身子，瞄准蛤蜊，猛然合上腮盖，或者舞动鱼鳍，由此来制造出一股强大的水流，冲散周围的泥沙。

成功抓到猎物后，它开始展示出自己那两双尖锐的"猪齿"，以惊人的咬合力将贝壳狠狠地咬碎。并非每次都可以如愿咬碎贝壳，有时运气不好遇到的蛤蜊外壳特别坚硬。但永不言败的猪齿鱼会用嘴叼起蛤蜊，来到一块有突起的珊瑚前，将其当作自己的"厨房"。

接着，它会猛地一甩头，将蛤蜊朝着坚硬的珊瑚撞去，希望能借助珊瑚砸开坚硬的蛤蜊壳。尽管失败多次，但猪齿鱼从未放弃，它坚持不懈，直到坚硬的蛤蜊壳最终被砸开。

最后，锲而不舍的小吃货终于可以尽情享受心爱的美食了。它舞动着鱼鳍，像在庆祝得来不易的胜利。

猪齿鱼"炮制"美味大餐的过程非常娴熟，已经超越了简单的"使用工具"的层面，展现出它们对逻辑顺序、时间和地点的理解能力。猪齿鱼可以根据不同的环境条件做出调整，并灵活应对各种情况。善于用智慧去生存而不蛮干，不愧是聪明绝顶的"鱼大厨"！

翻白眼的"拿破仑鱼"

苏　眉

鱼类身份证

名字: 苏眉

拉丁名: *Cheilinus undulatus*

纲: 辐鳍鱼纲

目: 鲈形目

科: 隆头鱼科

属: 唇鱼属

栖息地: 太平洋及印度洋海域

栖息深度: 2～60米

大小: 体长最大可达2.5米,体重达190千克

技能: 吃毒物不中毒、变性

颜值
凶残
奇特
珍稀
游速

咦？这鱼怎么朝我翻白眼呀？

这条有着大脑袋、厚嘴唇、小眼睛、高额头，长相中二又丑萌的鱼是波纹唇鱼。它们身体长而侧扁，整体呈绿色。因高高隆起的额头很像拿破仑戴的军帽，因此也有"拿破仑鱼"之称。而在中国，它们被称为"苏眉"，这是源于其眼睛后方的两道条纹形如眉毛。仔细看，每条成年苏眉的面部都具有像迷宫一样的花纹，这些花纹从眼睛处向外辐射，就如人类的指纹一样独一无二。苏眉总是给人它在翻白眼的错觉（人家只是眼睛能自由地360度任意转动罢了）。

苏眉是最大的珊瑚礁鱼类，其身长可超过2米，体重可达190千克，寿命超过30年。礁岩斜坡、杂藻丛生的岩礁以及珊瑚海域都是它们的家园。它们是毫不夸张的大吃货，抓住啥就吃啥的那种，食谱囊括鱼类、软体动物、甲壳类动物等，有时甚至会吃有毒的海胆！

和其他隆头鱼科鱼类一样，苏眉也有变性的本领，属于雌雄同体雌性先熟鱼类。

又"社恐"又"人来疯"

别看苏眉体形吓人，其实它们性情温和，丝毫没有海洋"大佬"应该有的霸气，相反，十分"胆小如鼠"。平日喜欢独来独往，不爱过集体生活。

动不动就"翻白眼"的苏眉

　　我国的青岛海底世界就曾经因为苏眉的"社恐"天性而给它们单独"开小灶"。潜水员发现，每到"饭点"，其他鱼都会争先恐后地进食，唯独羞涩的苏眉躲得远远地，不敢上来争抢。于是，为了不让它们"饿肚皮"，潜水员开始为它们单独设立喂食时间。

　　虽然害怕其他鱼类，但苏眉却不怕人类，反而对人表现出强烈的好奇心，很喜欢与人亲近。在海里，潜水员用手抚摸它们时，它们也会非常愉快地跟在潜水员身边嬉戏；有时它们也会调皮地捉弄一下潜水员，上演"大吞活人"的表演。真是又温顺又调皮的大块头！

嘿嘿，人，尝一下。

苏眉在表演"大吞活人"

2 魔鬼海星的克星

　　珊瑚礁是无数海洋生物赖以生存的家园，可被称作"珊瑚杀手"的长棘海星（又名棘冠海星和魔鬼海星）喜食珊瑚虫，能够造成活珊瑚大量死亡。它们所过之处常常只剩下一片让人触目惊心的珊瑚白骨，加上它们的繁殖速度惊人，短短几年就能涌现几百万只。

　　人们想尽了办法消灭这种魔鬼海星，如人工捕捞、机器人注射等，但都收效甚微。因为魔鬼海星的生命力极强，即使你把它大卸八块，也不会死，并且它身上长满了毒刺，一般的海底动物对它都是敬而远之。唯独大法螺、扳机鱼、河鲀和苏眉敢对这个魔鬼下手。它们都有一个特点，那就是对魔鬼海星的毒素免疫。

　　虽然大法螺、河鲀、扳机鱼都有吃魔鬼海星的实力，但因为它们食量小，均无法对魔鬼海星产生真正的威胁。于是，消灭魔鬼海星的重任就落到了苏眉的身上。一条成年苏眉一天就可以干掉好几只长棘海星。

　　美国弗吉尼亚海洋科学研究所曾做过一项研究，科学家用声波发射器来标记海域内的苏眉，对14个样本进行了跟踪记录。经过两年时间的监测，结果表明，有苏眉存在的珊瑚礁海域14公里范围内，珊瑚礁被破坏的程度要远远低于没有苏眉活动的区域。足以证明苏眉在保护"海底绿洲"珊瑚礁方面发挥着巨大的作用。

3 被吃成保护动物

虽然为了不被人类吃掉，苏眉已经很努力进化成看似有剧毒的样子，可是它们的肉不仅丝滑细腻、味道鲜美，还富含多种人体所需的氨基酸和蛋白质，可怜的它们最终还是被贪婪的人类盯上，成了餐桌上的美食。

作为一种高档食材，苏眉的卖价曾一度飙升至每千克200美元以上，当人们在大快朵颐之际，也将其推向灭绝的边缘。正是其昂贵的卖价，刺激着一些没有道德底线的人继续冒险去捕捉苏眉。

更糟糕的是，虽然苏眉的寿命很长，但繁殖速度却比较缓慢。苏眉需要长到4～9龄时才能达到性成熟，此时才可以肩负起繁衍的重任。然而，很多幼鱼在未达到繁殖年龄时就被捕获，造成能繁殖的成鱼越来越少，不仅威胁物种的生存，也危及脆弱的珊瑚礁生态系统。

目前，野生苏眉鱼已经濒临绝种，被世界自然保护联盟（IUCN）红色名录列为濒危物种，且受到《濒危野生动植物种国际贸易公约》（CITES）保护，列为附录Ⅱ的物种，世界自然基金会将其列为1种濒临灭绝的生物，同时也被我国列入《国家重点保护野生动物名录》二级物种。目前，只有在我国西沙海域偶尔才能见到苏眉的身影了。

苏眉的复育是一个漫长的过程。作为地球上的一员，我们都有责任保护可爱的海洋动物和美丽的海洋家园。在利益面前，每个人都应守住自己的底线。

霸气农场主

雀　鲷

鱼 类 身 份 证

名字：雀鲷
拉丁名：Pomacentridae
纲：辐鳍鱼纲
目：鲈形目
科：雀鲷科
栖息地：大西洋和印度洋—太平洋热带海域
栖息深度：2～35米
大小：体长10～15厘米
技能：摘种植

你见过鱼儿搞种植吗？尽管这听起来像个玩笑，但在西沙群岛的海里，确实住着一群正儿八经的农场主——雀鲷，它们的种植事业还特别红火呢！

雀鲷科鱼类是一群美丽又可爱的小精灵。它们活泼好动，体形小巧，如麻雀般大小，因此被称为雀鲷。它们游泳时胸鳍可以来回摇摆，就像船橹一样，非常可爱。这些小萌鱼生活在珊瑚礁上，天天忙着追逐那些附在珊瑚上的小小甲壳类和飘浮的浮游动物，这可是它们的美味佳肴。别看雀鲷长得小，它们却是珊瑚礁鱼类中数量最庞大的鱼类（约250种）。而你知道吗？前面介绍过的那位海底明星——小丑鱼，也是雀鲷科家族中的一员呢！

孔雀雀鯛

金头金翅雀鲷

摩鹿加雀鲷

我的地盘我做主

小小的雀鲷脾气可一点也不小！它们是具有强烈领土意识的"小辣椒"。小丑鱼因为有海葵庇护，若遇到危险，只要投入海葵怀抱即可脱离险境。而其他种类的雀鲷就没那么幸运了，一旦有其他鱼类闯入它们的领地，它们只能奋力出击，守护自己的家园和堡垒。

不只是对其他鱼类，雀鲷甚至还经常会对"非法闯入"的潜水员发动"攻击"。若潜水员不经意在它们的地盘停留，它们会先以绕圈圈的方式发出警告，如果潜水员还不离开的话，巴掌大的它们就会气鼓鼓地瞪大双眼，拼了老命似地抵御潜水员这个庞然大物，想方设法地驱赶潜水员，直到他们离开方才罢休。

雀鲷这略显"鲁莽"的个性，跟《三国演义》里的张飞倒是有几分相似。它们保卫家园的身影，让蓝色的海洋世界灵动起来。

王子雀鱼

2 辛勤的"农夫鱼"

珊瑚礁孕育了无数神奇又美丽的海洋生物，你以为在这世外桃源般的地方，鱼儿只是四处游荡的闲散猎手吗？对此，雀鲷是绝不会同意的。海里无时无刻不在上演着激烈的生存竞争，雀雕想要在此安身立命，就必须勤奋起来。在海底混迹久了，它们深知单单靠捕猎只能饥一顿饱一顿，这怎么可以忍受呢？它们必须得干点什么。

于是，它们决定"种田"。雀鲷是目前已知的唯一一种会"种庄稼"的鱼。不过，只有某些雀鲷科鱼类会种海藻，高欢雀鲷（*Hypsypops rubicundus*）就是其中一种。

本着"以农为本"的理念，高欢雀鲷把礁石当养殖场，将自己活成了经验丰富的藻类养殖"专家"。为了早日实现海藻自由，它们开始了日复一日的辛勤"劳作"。这些海底"农夫"还非常讲究，定期要青除农场内的"杂草"——仔细甄选好吃的海藻，把那些它们不喜欢吃的海藻扔到"田地"外面。然后将留下的海藻"修

正在把海胆叼出"农场"的高欢雀鲷

扔出去……
扔出去……

剪"至大约2.5厘米长,好让其继续茁壮成长。高欢雀鲷经常巡视农场,悉心呵护着自家的海藻田,像守护金银财宝一样精心地保护着自己的劳动成果,直至夜幕降临才肯休憩。

高欢雀鲷还非常霸道。它们会把前来啃食海藻的珊瑚礁鱼儿驱赶出去,不管入侵者的个头有多大也毫不让步。而最让高欢雀鲷血压飙升的就是看见浑身带刺的"钉子户"——海胆。这些海胆真是破坏力十足,它们那5颗一伸一缩的牙齿可以将高欢雀鲷辛辛苦苦种在岩石上的海藻消灭殆尽。高欢雀鲷只好不厌其烦地用嘴将海胆叼起来扔到"农场"外。可谓是为了搞养殖而操碎了心啊!

3 驯养"打工仔"

相比日夜劳作的"拼命三郎"高欢雀鲷,奠眶锯雀鲷(*Stegaste. diencaeus*)可就惬意多了,它们打开思路,"种田"的同时又"养虾"。来自澳大利亚的一项研究表明,奠眶锯雀鲷竟然懂得驯养浮游糠虾(*Mysidium integrum*)给它们当小弟干"粗活",自己则轻松当起了"地主"。驯化是指逐渐改变野生动物的野性并使其顺从驱使的一种复杂行为,长期以来被认为是人类特有的行为,而奠眶锯雀鲷驯养糠虾可能是首次发现的动物驯化动物的实例。

研究者发现,在奠眶锯雀鲷"农场"的上方会聚集大量糠虾,且这些"打工虾"朝九晚五式地白天来、晚上走。其实,糠虾白天聚集在农场,是因为奠眶锯雀鲷是一种领地意识和攻击性很强的鱼,可以保护它们避免被其他捕食者吃掉。研究也显示,当农场内聚集小糠虾时,奠眶锯雀鲷对其他鱼类明显表现得更好斗。

那么,一向"排外"的奠眶锯雀鲷又为什么如此卖命保护糠虾呢?它们可不是出于仗义,而是看中这些小虾能为自己的海藻田施肥。

莫眶锯雀鲷

研究显示，在小糠虾聚集的农场中，出现了较多大型藻类如褐藻。
此外，小糠虾的排泄物能使草坪状藻类长得更好，要知道，可口的
草坪状藻类是莫眶锯雀鲷的首选食物。

“农场”里的小糠虾

总之，为了吃上一口好吃的海藻，莫眶锯雀鲷把糠虾留在自己的田里，驯养它们也成为海中“农夫”，给藻田施肥；而被雀鲷大哥罩着的糠虾小弟则在“农场”里安心繁殖，这又何尝不是一种互助、共生的双赢模式呢？

长着两张嘴的异形

裸胸鳝

鱼类身份证

名字：裸胸鳝
拉丁名：*Gymnothorax*
纲：辐鳍鱼纲
目：鳗鲡目
科：海鳝科
属：裸胸鳝属
栖息地：热带及亚热带海洋珊瑚礁附近，中国分布于东海及南海海域
栖息深度：9～110米
大小：体长最大可达300厘米
技能：长有两张嘴

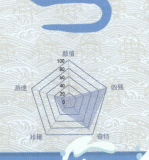

岩缝中的杀手（斑点裸胸鳝）

在热带及亚热带海洋珊瑚礁的空隙和洞穴中，生活着一群海洋"恶霸"——裸胸鳝。

在最危险的海洋生物名单上，裸胸鳝的名字从不会缺席。它们平时一副懒散羞怯的样子，可当露出锋利的牙齿时，凶残的本性便暴露无遗。裸胸鳝是可怕的肉食性鱼类，鱼类、虾蟹等软甲类动物，以及章鱼等头足类动物，都会成为它们的盘中餐，一旦咬住，便死死不松口。

裸胸鳝为底栖性鱼类，全球约有80种。它们体呈黑褐色，体形似鳗，光滑无鳞，无胸鳍（名字因此而来），背鳍、臀鳍、尾鳍发达且相连，像披着一件点缀了斑带或网纹的绸缎袍子。乍一看，它们不像是鱼类，而更像是蛇。其中最大的种类为爪哇裸胸鳝，长度更是达3米，体重达30千克。

裸胸鳝的游泳能力不强，主要以左右摆动的方式行进。不过，当谈到扭动身体的技能时，这种硬骨鱼简直秒杀一群软骨鱼。它们紧密相连的脊椎骨可多达180块，是成人脊椎骨数量的6倍以上。而且，还没有其他多余的部件妨碍它们做出完美的"S"形扭动。

礁石缝中的伏击者

裸胸鳝虽然长相凶猛，但并不会主动攻击人类。很多攻击事件都是潜水员把手伸进裂缝里寻找其他鱼时才发生的。

它们身体细长，皮肤较厚且有一层黏液保护，使其能在珊瑚礁缝隙及岩缝中自由穿梭而不受伤。裸胸鳝利用珊瑚礁周围的环境来伪装自己，一旦感应到猎物的接近，便以迅雷不及掩耳之势窜出，用其刀尖一般的牙齿狠狠咬住路过的毫无防备的猎物，猎物一旦被咬住就难以脱身了。

裸胸鳝属于夜行性鱼类，到了夜晚才会外出觅食。而白天，则喜欢躲藏在珊瑚礁缝隙中或是岩块下，只探出头部，尾部蜷缩在洞内，一张一合的嘴巴，令人毛骨悚然。

双嘴齐下

裸胸鳝之所以成为海中怪物一般的存在，是因为它有着独一无二的猎杀绝技——两张嘴！

与陆地上的动物捕食不一样，许多鱼类在吞咽猎物之前并不会先将猎物杀死，这就可能出现一个问题：当它们张开大嘴吞食时，猎物可能会趁机逃跑。为了不让到嘴边的美味溜走，有些鱼会在颚

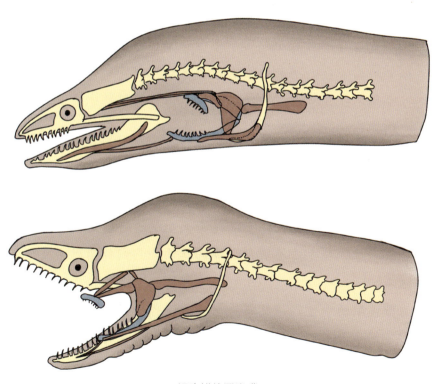

裸胸鳝的两张嘴

下长出第二组的牙齿。裸胸鳝的咽颌里也有第二组牙齿，但它们玩出了新花样，其牙齿不但尖锐，而且能够自由伸缩。

在发现猎物后，裸胸鳝的两副颌骨会独立活动。首先，长满利齿的前颌会迅速将猎物牢牢咬住；接着，有力的咽颌瞬间从喉咙里弹出，死死地将其拖入食道。这套"组合拳"打下来，被咬住的猎物也只能认栽了。

此外，它们位于嘴巴前面的牙齿也很特别，并非垂直生长的，而是向内弯曲一定的弧度，这样猎物想要逃跑就难上加难了。有着一张特大号的嘴外加咽颌，就等于拥有了强大的武器。无所畏惧的裸胸鳝，吞下各种高难度猎物就跟往嘴里塞零食一样轻松。比如凭借一身刺头在海洋里风光无两的狮子鱼，在裸胸鳝这里却变成了小小的"下酒菜"；又比如会充水变圆让别的鱼难以下咽的刺鲀，会被裸胸鳝前突的咽颌整个拽进肚子里；章鱼号称钻缝小能手，但是不管它钻得有多深，裸胸鳝也会毫不客气地把它拽出来；至于其他鱼类，只要大小合适，裸胸鳝都下得去嘴。有时候小鲨鱼在其眼前晃悠，裸胸鳝也会上去给它们点颜色瞧瞧。

③ 天生近视眼

裸胸鳝的眼睛很小，而且还是个天生的大近视眼，甚至有点接近于盲的程度，根本看不清楚前面的东西。它们捕猎时主要依赖发达的嗅觉。

凭借灵敏的嗅觉，裸胸鳝也被称为珊瑚礁里死鱼的清洁工。这是因为方圆几百米内，只要是有死鱼，最先发现的就是它。它头部前端长着两个向前突出的小东西就是其鼻孔，这可是它捕猎的秘密武器。

4 教科书式的强强联手

这个珊瑚礁里的"黑道"有时也会找个搭档一起猎食，那就是同为顶级捕猎者的石斑鱼。有时，石斑鱼主动发出组队邀请，白天"宅在家"的裸胸鳝也会破例跟着大哥踏出家门。

它们合作捕猎大概是这样的画风。石斑鱼游到裸胸鳝的"家门口"快速摇头，问道："嘿，鳝弟，吃了没？"裸胸鳝回答："还没呢，斑哥！""走，那咱们一起去搞顿大餐去！"石斑鱼接着说："老弟，你身材苗条纤细，负责石缝里面，千万别让小可爱待着里面，你把

石斑鱼和裸胸鳝的跨种族合作

它们赶出来，我在外面守株待兔，咱们来个双面夹击。"裸胸鳝说："大哥，我办事你放心！完了等下记得分我一份啊！"

然而，在鱼类世界中，也没有永远的朋友，在利益面前，一言不合的好哥俩也会反目成仇。有时候裸胸鳝会不顾兄弟情面，对较小的石斑鱼下狠手。石斑鱼也不是吃素的，老弟不讲武德，你不仁也别怪大哥我不义，大不了来个两败俱伤。

5 铁汉也柔情

凶猛可怕、性格孤僻的裸胸鳝总是独来独往，那它会不会孤独到没朋友呢？

其实裸胸鳝有两个好朋友——清洁虾和裂唇鱼，它们会帮助裸胸鳝清除皮肤表面的寄生虫，甚至还会跑到其大嘴里，帮着剔牙。裸胸鳝则会安静不动，放任它们在自己的口中追逐嬉戏，表露着几分独特的温柔。

不过，裸胸鳝其实也有天敌，那就是跟它形态相似的海蛇。因为海蛇具有剧毒，其毒性比陆地上的蛇还要强很多，会让裸胸鳝麻痹得不省人事，难以招架。果然是"一物降一物"啊！

身不由己"耍流氓"

伸口鱼

鱼类身份证

名字：伸口鱼
拉丁名：*Epibulus insidiator*
纲：辐鳍鱼纲
目：鲈形目
科：隆头鱼科
属：伸口鱼属
栖息地：印度洋—太平洋热带海域，中国
　　　　分布于南海海域
栖息深度：1～42 米
大小：体长约 15 厘米
技能：口含"加农炮"

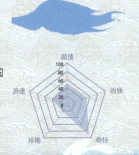

大千世界，无奇不有。说起海洋里拥有诡异怪嘴的鱼类，那可真是一个比一个恐怖。之前介绍过长着"两张嘴"的裸胸鳝堪称异形，而西沙群岛海域里还有一种能把嘴巴射出去的"怪咖"，比裸胸鳝还要怪异不少。

这种奇葩鱼叫伸口鱼，属隆头鱼科，主要生活在热带珊瑚礁海域，平时吃些虾、蟹以及较小的鱼类。它们体形不大，长相却让人瞠目结舌。嘴巴能向前伸长呈管状，像含着一个"加农炮"。因为它们上下颌这种极强的伸缩性，民间也有人称其为"望远镜鱼"。

看，这个别扭的造型，多多少少让人产生不适感，不过这种结构却为伸口鱼捕杀猎物带来了极大的便利性。

伸口鱼平均体长也就15厘米左右，但却能把嘴巴伸出去7～8厘米，有时甚至能达到10厘米长。这家伙平时不显山不露水，把自己伪装成一条普普通通的正经鱼，把这张半个身子长的具有特殊功能的嘴隐藏在里面。一旦发现心仪的猎物，就把嘴高速弹射出去，利用自己的嘴巴产生强大的吸力，将小鱼小虾吸进肚子里面，一吸一个准。放慢看这一过程，就像撅起嘴亲人一样，因此日本渔民给它们取了一个非常符合其气质的外号——流氓鱼。

 揭秘"死亡之吻"

我们人类表达爱意的时候，会撅起嘴巴，亲吻对方。而伸口鱼就像海里的"渣男"，动不动就伸长嘴巴"耍流氓"，各种"撩鱼"，然而这跟表达爱意没有一丝一毫的关系，相反，这是一种"死亡之吻"。

鱼类的捕食方式一般就是直接张口吞，而伸口鱼却脑洞大开，靠"吸"来进食。它们拥有鱼类家族中伸缩性最强的嘴，用突然增加的体积所带来的负压将食物吸到口中，吸力之大堪比我们的吸尘器。

不伸出长嘴时的伸口鱼

　　伸口鱼的前颌骨跟下颌骨都特别长。不进食的时候，前颌骨就直接搭在"鼻梁"上，而下颌骨则后伸到了鳃的下方，其间由韧带和很多骨骼相连，构成了一个复杂而灵活的"伸缩支架"，上面覆盖着有弹性的膜。

当发现捕猎目标时，伸口鱼会突然将隐藏在下颚部分的嘴巴伸出来，将嘴变成管状，咕咚一口，瞬间就把小鱼小虾吸到嘴里。可怜的小鱼小虾们万万没想到，这流氓的"长长"一吻，会使自己的小命不保。

② "耍流氓"是身不由己

伸口鱼的嘴巴之所以会变成这个样子，主要也是"物竞天择"的结果。海洋中的生物个个都是身法灵活的高手，那些鱼虾在身边游来游去，不是你想抓就能轻易抓到的。如果伸口鱼跟其他鱼儿拼速度，很可能只能看着干着急、饿肚子。因此，它们也只好另辟蹊径，抛弃老路子，把自己的嘴改造成大长嘴。这样，它们就不需要拼命游泳去追上猎物，只要在其身边精准出嘴"索吻"，就能轻松实现捕食。

③ 雌雄同体组织中的 VIP

伸口鱼除了有奇葩的嘴巴，和其他大部分隆头鱼一样，都继承了变性的传统。

所有刚出生的小伸口鱼全是雌性，随着它们慢慢长大，其中最强壮的那条就会摇身一变成为雄鱼，把昔日的"闺蜜们"统统收进自己的"后宫"。如果坐拥整座后宫的雄鱼离开后，下一条最大的雌鱼就会顶替其成为雄鱼，继续在族群里称王称霸。

不过值得一提的是，伸口鱼像是变性组织中的 VIP 会员，因为它们的体色会在不同的生命阶段发生明显的变化，如同换上 n 件不同颜色的衣服。

伸口鱼幼鱼

雌性伸口鱼

雄性伸口鱼

　　伸口鱼小时候体色是带着垂直白色粗条纹的深棕色，有点低调有点萌；等到性成熟后的雌性便换了一身明黄色的时尚装扮，颜色相当炸裂；当"天选之女"的雌鱼转变成雄鱼后，纯色的外衣已经无法彰显出后宫之主的威仪了，于是，雄鱼就好像换上龙袍一样：鱼头洁白如雪，划过眼珠的一道长长的"疤痕"增添了它的英雄气势，而背部则展现出各种渐变的明艳色彩，美不胜收。

　　换了不同穿搭的伸口鱼如果照镜子，大概会被自己又美又飒的样子迷倒吧！

从史前海怪到美味珍馐

石斑鱼

鱼 类 身 份 证

名字：石斑鱼
拉丁名：*Epinephelus*
纲：辐鳍鱼纲
目：鲈形目
科：鮨科
属：石斑鱼属
栖息地：大西洋、印度洋以及太平洋的热
　　　　带和亚热带海域，中国主要分布
　　　　在东海、台湾海峡以及南海海域
栖息深度：10～80 米
大小：普通石斑鱼体长 20～30 厘米，巨
　　　型石斑鱼最大可超过 200 厘米
技能：狮子鱼的克星

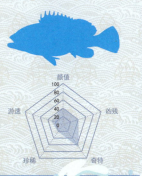

它们口大唇厚，长得不太聪明的样子，却凭借着一身好本领，几千年来在珊瑚礁中独领风骚。这就是神奇的石斑鱼。

　　石斑鱼为暖水性大中型鱼类，栖息于珊瑚礁、沉船等水域。主要以其他鱼类、甲壳类及头足类为食。不同种类的石斑鱼体形差异较大，30%以上的石斑鱼种类体长可达1米以上，超大体形者可超过2米。

吻斑石斑鱼

蜂巢石斑鱼

生吞活人的"大嘴巴"

石斑鱼家族中超大体形者指的就是巨型石斑鱼，中国习惯称其为"龙趸"，西方则称"歌利亚石斑鱼"。歌利亚是《希伯来圣经》中的一个巨人，米开朗基罗创作的著名雕塑"大卫"，就是击败了巨人歌利亚的人。

巨型石斑鱼生吞活人不只是存在于神话传说中。50年前，一个加州潜水员就真的被一条巨型石斑鱼生吞了，幸好在紧要关头他的氧气罐突然爆了，石斑鱼才不得不把他吐出来。后来，科学家根据潜水员的伤势估算，这条石斑鱼有4～5米长，相当一辆货车的长度！

石斑鱼靠着生吞这种非常原始的技能进行捕猎。别看它总是不紧不慢地游着，实际上，它的小眼睛一直在侦查，随时准备偷袭。它游到猎物旁，然后突然像打哈欠一样张大嘴，产生巨大的负压，一吸致命，一吞搞定，一些小鲨鱼也难逃成为石斑鱼美餐的命运。

 海里的伪装大师

长得本来就像石头的石斑鱼，为了提升自己的伪装能力，还练就了变色的绝活。它从一片珊瑚潜伏到另一片珊瑚时，如果珊瑚颜色发生了改变，其皮肤就能变幻出与周围环境颜色相近的体色，在顷刻之间"判若两鱼"，从而达到"隐身"的效果，静静地等待猎物的自投罗网。

慢悠悠的巨型石斑鱼

③ 有毒又解毒

跟许多珊瑚礁鱼类一样，野生石斑鱼体内带有一种称为雪卡毒素的海洋藻类毒素，其大脑和内脏中含量尤其较多。其实，石斑鱼并不是生来就有毒，只是因为吃了太多毒物以后，才让自己带毒，可以说是名副其实的"祸从口入"了。

不过，石斑鱼自己有毒，同时还是解毒的高手。甚至是狮子鱼这种大毒球，石斑鱼也能不管三七二十一把这些家伙吞了吃掉。因此现在美国有一个专门的职业，就是负责在海底训练石斑鱼吃狮子鱼。真是用魔法打败魔法呢！

④ 沉稳的侦查员

如果把不断游动的鲨鱼比作水下特种兵，那么巨型石斑鱼就是

不动声色的侦察员了，它们大部分时间就是待在"观察室"（废弃的沉船）里。如果想找到巨型石斑鱼，沉船会是个不错的选择。

这位侦察员到底有多敬业？海洋科学家曾做了一项研究，他们在捕获的野生巨型石斑鱼身上安装了声学传感器，然后再将它们放回海里，以此观察其活动轨迹和生活习性。数据表明，它们基本上都是在同一地方，既不出门"旅游"，也不"走访亲戚"。其中有一条鱼更是在一个地点待了长达736天，直到声学感应器上电池耗尽，它还在那里。唯一离开的一次是在它将要产卵的时候。

5 产卵派对

巨型石斑鱼属于洄游性产卵鱼类，一次产5 700万颗鱼卵。每逢产卵季，它们俨然变成一个移动大食堂，周围总会吸引着大量的小鱼。石斑鱼游到哪儿，它们就跟到哪儿，这帮家伙可不是来看热闹的，它们期待的是从巨型石斑鱼妈妈身上掉下的数以百万计的"高级补品"——鱼卵。因此，就算巨型石斑鱼产卵量再高，还是架不住小鱼们的疯狂捕食，那怎么办呢？

于是，为了减少鱼卵的损失，巨型石斑鱼想到了一个好办法，那就是扎堆产卵，利用人海战术来增加后代的成活率，就算被吃也总会有漏网之鱼的吧。

可是石斑鱼万万没想到的是，这给它们引来了杀身之祸。因为它们真正的敌人不是在海洋中，而是在陆地上。

6　疯狂捕捞导致濒危

巨型石斑鱼曾经因为人类的疯狂捕捞而差点灭绝。20世纪70年代，美国人抓住了它们聚集产卵的特点，不断捕杀在繁殖期的巨型石斑鱼。而一条巨型石斑鱼要10年才能长到成年，这种断子绝孙式的捕捞如果不加遏制的话，巨型石斑鱼就快消失了，美国政府这才开始下令禁止对其捕捞。然而，直到2011年，巨型石斑鱼仍被国际自然保护联盟列为极度濒危物种，到了2020年，它们才基本恢复到了易危物种的行列。

7　石斑鱼养殖的多样化

提起石斑鱼，很多人第一反应就是想到吃。由于石斑鱼具有营养丰富、肉质鲜美、低脂肪、高蛋白等特点，使它们成为了高档宴席必备的上等食用鱼。养殖石斑鱼既让我们饱了口福，又保护了野生石斑鱼。而我们吃的石斑鱼，得先从最普通的珍珠斑说起。

珍珠斑，也叫虎龙斑、小龙虎等。它们是2008年由中国科学家用巨型石斑鱼做爸爸、老虎斑（有个大驼背，白底黑点，易危物种）做妈妈杂交出来的一个新品种，我们平时吃的石斑鱼很多是珍珠斑；再高档一点的是西星斑，产自西沙群岛，呈深褐色、灰白色或红色；接着，就是知名度很高的东星斑了。东星斑是西星斑的兄弟，来自东沙群岛，曾经它们是高档的海鲜，但目前已经被海南科学家们攻克了人工养殖技术，正在大规模养殖。

愤怒的小鱼

刺鲀

鱼类身份证

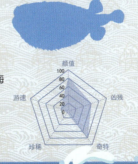

名字：刺鲀
拉丁名：*Diodon*
纲：辐鳍鱼纲
目：鲀形目
科：刺鲀科
属：刺鲀属
栖息地：世界各大洋，在中国分布于黄海
　　　　南部、东海、南海海域
栖息深度：8～50 米
大小：一般 20～40 厘米，最大可达 90
　　　厘米
技能：身怀毒针

颜值
凶残
奇特
珍稀
游速
100 80 60 40 20 0

还记得动画片《精灵宝可梦》里的千针鱼吗？就是那只因为太胖而在一场战斗中被卡住，并最终落败的尴尬鱼。千针鱼的原型其实是一生气就胀成球的刺鲀。

刺鲀上下颌各具一枚发达的齿板，故又名"二齿鲀"，这使它们可轻易咬碎贝类、虾、蟹等无脊椎动物。

刺鲀和河鲀是近亲。虽然它俩都能把自己吹起来，不过单从长相就可以轻易地把它们区分开。河鲀外表的刺不明显，只有鼓起来的时候才能看到，体形较小，一般为10～30厘米；刺鲀外表的刺明显，鼓起来更成为一个大刺儿头，体形较大，一般为20～90厘米。此外，刺鲀和河鲀还有一个区别就是刺鲀的眼睛较大且更突出。尤其六斑刺鲀的眼睛非常美丽，眼里像有无数蓝色和绿色的荧光棒。

这些长相超萌、鼓着一对大眼睛的小可爱经常以有趣的形象出现在动画片里，除了一嘴的大板牙，最出名的就是它们的暴脾气。稍不注意，就会气鼓鼓地胀成一个球。本着"萌即是正义"的原则，小刺鲀将自己打造成可以控制海水、空气、毒素的"三合一战斗体"。

河鲀与刺鲀

① 传说中的刺鱼

刺鲀在古代就已经小有名气了。它们就是《海错图》（一本古代的海洋生物图鉴，清朝康熙年间由聂璜绘制）里的刺鱼。其中的一段描述是："刺鱼，产闽海。身圆无鳞，略如河豚状而有斑点，周身皆刺，棘手难捉。"对照《海错图》，除了背鳍太靠前了点、多画了一对腹鳍（刺鲀无腹鳍），基本和刺鲀完全对应。而六斑刺鲀最可能是《海错图》中的"刺鱼"。

② 海里的豪猪

刺可以说是刺鲀的金漆招牌。它们的刺其实是由鳞片进化而成的。平时体表的硬棘伏贴于身上，看起来与别的鱼没有太大区别，而一旦遇到捕食者攻击时，它们就立即吞水使身体膨胀，同时竖起体表的强棘，使捕食者无法吞食。这跟豪猪布满尖刺的形态有异曲同工之妙。

刺鲀的英文名就叫 porcupine fish（豪猪鱼），在中国古代，大型的刺鲀被认为是一种神奇的生物，可以变成"箭猪"。聂璜还为此写了《刺鱼化箭猪赞》："海底刺鱼，有如伏弩。化为箭猪，亦射狼虎。"

当然，现实中，刺鲀不可能变成豪猪，但它们的刺依旧让海洋里的动物望而生畏。刺鲀的每根刺都具有 3 个主要的分支，相互之间能够在直立的时候相互支撑，一旦胀气，就可以像多米诺骨牌那样依次竖起，成为一个大刺球，具有强大的防御效果。

刺鲀游泳能力弱，一旦遇到敌害或受到惊扰，它们就急速大口吞咽海水或空气，涨成球状，强大的水压会使全身胀大 2～3 倍。然后它们漂浮在水里，还会从嘴里不断发出"咕咕"的叫声。突然看见到口的食物变得比自己还大，这让猎捕者们都傻眼了。不过，刺鲀这么干，吓唬敌人那是次要的，让敌人下不去嘴才是精髓。

膨胀后刺鲀的利刺会卡在捕食者嘴里，使其吞不下又吐不出。所以面对这个圆滚滚的刺球，大多数捕食者都只有"望球兴叹"的

收起利刺的密斑刺鲀

125

份儿。当然也有个别饥不择食的动物，看见刺鲀娇小又游得慢，还长得那么萌，便铤而走险向刺鲀下手，酿成了一个又一个的悲剧。像鲨鱼、裸胸鳝等狠角色有时也会因吞食刺鲀而殒命。

待险情解除，刺鲀就把吞进去的海水和空气再吐出来，棘刺林立的球形身体很快瘪下去，恢复了原样。此时可怕的棘刺也倒伏下去，紧贴身体，于是刺鲀又开始慢慢地游走了。

 ## 威力强大的牙齿

除了一身的刺，对于刺鲀来说，牙齿也非常重要。刺鲀的牙十分坚硬，上下颌看上去宛如乌龟的角质喙，其上下齿板完全愈合，就像两颗大板牙。凭着一口咬合力惊人的"铁齿铜牙"，它们成了各种甲壳类的天敌。不管虾壳有多硬，刺鲀咬起来就跟吃威化饼一样酥脆。至于贝类，刺鲀吃起来也毫无压力，都是连壳带肉一起嚼，轻描淡写地就给吃了。它们的牙齿似乎比人类的铁皮剪还好用，相当凶悍。

 ## 可爱的毒物

刺鲀用把自己胀成球的方式来吓跑敌人，其实从某种角度而言也是救了那些捕食者。因为刺鲀同其他鲀形目鱼类一样，体内含有毒素，主要集中在肝脏，但比河鲀的毒性要小。从《海错图》里的记载看，当时清朝人并不爱吃刺鲀，因为他们认为刺鲀"不堪食"，据说当年康熙、乾隆下江南都没敢吃它们。然而，刺鲀躲得过清朝人的餐桌，却逃不了现代人的筷子，尤其成了日本人最喜爱的食材之一，被做成生鱼片享用。

一言不合就暴躁

扳机鱼

鱼类身份证

名字: 扳机鱼

拉丁名: *Balistoides*

纲: 辐鳍鱼纲

目: 鲀形目

科: 鳞鲀科

属: 拟鳞鲀属

栖息地: 热带及亚热带海洋中, 尤其印度
洋—太平洋海域

栖息深度: 1～30米

大小: 30～75厘米

技能: 自带"扳机"

非常有艺术气息的叉斑锉鳞鲀

小样，这还不迷死你！

如果说刺鲀只是海里耍耍小脾气的"小气包"的话，那扳机鱼就是真正的"大暴躁"。听说它们是潜水员最害怕遇到的"怪物"，甚至比遇见鲨鱼还要可怕。

扳机鱼，是鳞鲀科约40种鱼类的统称，大多分布在热带近海的珊瑚礁群落中，主要以底栖海洋生物为食，包括棘皮动物、甲壳类、软体动物等。它们的背部有一条长的棘刺，生气的时候棘刺立起，与身体形成直角，很像枪上的扳机。此外，因为体形像一枚蓄势待发的炮弹，它们也被称为"炮弹鱼"。

扳机鱼游速不快，主要靠扇动胸鳍、背鳍和腹鳍推动身体前行，尾鳍则多在需要快速前进时才发挥作用，因此其游动时有种悬浮的飘动感（全身主结构近乎没有动）。它的眼睛长得又高又靠后，有小小的嘴巴，身材扁平，好像在海里游来游去的薄煎饼，许多种类具有惊人的色彩图案。

一方面扳机鱼有着憨萌可爱的游动姿态，另一方面在其进食时也有钢牙猛齿，可谓是珊瑚礁中的"笑面虎"。

五彩斑斓的抽象画

提起海里颜值高的鱼，除了小丑鱼、蝴蝶鱼，还有赫赫有名的扳机鱼。它们身体的配色鲜艳大胆，当其游在珊瑚礁之中，就仿佛在给我们尽情展示一幅幅著名的抽象画。

其中，最大的扳机鱼是泰坦扳机鱼（*Balistoides viridescens*），也被称为"大炮弹"，体长可达 75 厘米。它们的头部和躯干部位都有很厚的鳞片包裹着，8 颗尖锐的牙齿能刺穿任何物体，领地概念很强。被泰坦扳机鱼攻击过的人不在少数。被它们盯上了会像被狗追一样，要是被咬上一口，肉都会溃烂，因为它们含有甲藻毒素。

头顶自带"扳机"

扳机鱼的得名与其头顶后的棘刺有关。扳机鱼的背鳍棘有 3 个，前 2 个被认为有如枪之扳机结构，即第一棘竖起后，第二棘作为"扳机"从后嵌入卡住；第二棘必须先撤回原位，第一棘才能放平。

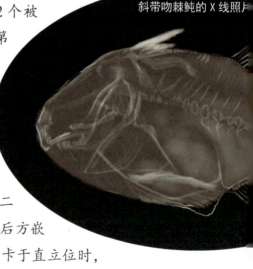

斜带吻棘鲀的 X 线照片

因此，当扳机鱼进行休息时，第一棘就会竖起来，第二棘就像手枪的"扳机"一样从后方嵌入，因为第一棘粗大而强，当被卡于直立位时，扳机鱼就可以将自己牢牢地固定在具有保护性的岩礁缝隙中。

酷酷的黑边角鳞鲀

③ 钟情海胆

长满刺的海胆让许多鱼类无从下口，但扳机鱼就喜欢挑战这高难度的食物。它们的聪明才智都体现在其捕捉海胆的方式上。

首先，扳机鱼捕食时通常会通过嘴喷水，制造强力水流，好像在创造海底风暴一样，目的是找出埋伏在海沙下的美味猎物。当发现可口的海胆时，扳机鱼并不急于下口，而是会玩起"飞海胆"的把戏。扳机鱼用嘴叼起海胆，高高扔向空中，然后又用喷水技能尝试让海胆翻个身，真是把海胆弄得晕头转向。海胆可能想：我啥时候惹到这位大侠了？经过这样数次的尝试后，最终，扳机鱼施展绝技，亮出锋利的牙齿，嚼碎海胆的硬壳，把海胆的内部吃得干干净净，就这样美美地饱餐一顿。

有着独特纹路的褐副鳞鲀

 易燃易爆的炮弹王

　　别看扳机鱼体色鲜艳，神情憨厚，一副很萌的样子，大多数扳机鱼可是暴脾气的"小霸王"，时不时闹闹小脾气，搞搞恶作剧，唯恐天下不乱。爱约架之余，还经常在潜水员身上或潜水装备上留下牙印。

　　扳机鱼"炮弹王"的绰号绝非浪得虚名。鲨鱼一向给人狰狞嗜血的形象，可事实上扳机鱼比鲨鱼还要凶残。鲨鱼咬人的概率只有百万分之五左右，而炮弹鱼则是"入我领地者，必杀之！"因此它也被人们称为"浅水区的噩梦"，谁见谁害怕。

　　不过要判断扳机鱼是否生气很简单，就看它们头顶那根"天线"是否高高竖起，竖起的天线意味着警告捕食者。然而，扳机鱼的攻击武器并非头顶的三角鳍，而是它们咬合力相当惊人的、短而锋利的尖牙，对付入侵者简直绰绰有余。

扳机鱼的领地是神圣不可侵犯的。它们领地意识极强，会攻击任何接近其领地的生物。尤其到了繁殖季节，它们会变得更加凶猛，誓死守护家园，对入侵者"格杀勿论"。

所以，当看见扳机鱼竖起头顶的三角鳍，怒气冲冲地朝你猛翻白眼，似乎在说着"你瞅啥？"时，可千万别回复"瞅你咋地"，跑就对了！

气质非凡的金边黄鳞鲀

十八

有味道的寄生

潜鱼

鱼类身份证

名字：潜鱼
拉丁名：*Carapus*
纲：辐鳍鱼纲
目：鳕形目
科：潜鱼科
属：潜鱼属
栖息地：太平洋、大西洋、印度洋热带海域
栖息深度：1～30米
大小：体长约15厘米
技能：钻海参屁屁

大千世界无奇不有。"社恐"的鱼儿千千万万，身处弱肉强食生物链中的海洋生物，每天都在绞尽脑汁地躲避天敌和捕食猎物。在残酷的生存竞争中，许多生物都演化出一套套奇葩的生存策略。有下半身一直躲在沙子里的"宅神"花园鳗，也有一有风吹草动就钻进海葵里的小丑鱼，但它们各式各样的生存策略都不及一种生活作风非常有问题的家伙——潜鱼。

潜鱼是广泛分布在印度洋与太平洋的寄生性鱼类，大多栖息在珊瑚礁、岩礁附近。这种鱼的全身光滑无鳞，头宽约等于头高，身体纤细，成体 10～20 厘米，以小型桡足类生物为食。

光听名字就知道，潜鱼是一种时刻想隐身的"胆小鬼"。由于性格"缺陷"，潜鱼养成了"抱大腿"的习惯，但你绝对想不到它们喜欢藏身的地方在哪里。说起来，那可是极度的"重口味"。

这些厚颜无耻的家伙是用"热脸贴冷屁股"的方式找宿主。竟然经常趁海参不注意，"嗖"地一下就从海参的屁屁钻进去，躲避天敌的追捕，然后在里面吃喝拉撒睡。偶尔它们会从海参的身体里钻出来，寻找一些新鲜的小虾，开开荤，吃饱喝足后又钻回"豪宅"里悠哉悠哉地过日子。

厚颜无耻的潜鱼

毁三观的寄生

海洋世界中，大量的鱼类和各种浮游生物之间并非孤立存在，而是互相依存，彼此制约。如果两种动物共同生活在一起，便会产生如下的生活关系：（1）若双方互惠互利，即互利共生，如裂唇鱼和裸胸鳝、小丑鱼和海葵，以及虾虎鱼和手枪虾等；（2）若一方得利而另一方无利也无害，即偏利共生，如鲫鱼和鲨鱼或蝠鲼；（3）若一方导利而另一方受害，即寄生，潜鱼和海参就是这种无比诡异的关系。

潜鱼是典型的"战五渣"①，而且它们黑色皮肤在浅水区的海底太显眼了，一旦遇到大型动物，只有被吃的份。这样下去，它们的种群数量不可避免地受到威胁，稍有不慎就会走向灭绝。为了更好地生存下去，潜鱼必须找一个足够安全的栖息地，而海参体内就是它们最好的选择。

潜鱼对海参的寄生方式是妥妥的一劳永逸。它们通过这种方式躲避起来保护自己，抵御天敌的追捕。但先不说这有味道的寄生没有给海参带来任何实质性的益处，潜鱼甚至还经常吞食海参的内脏及生殖腺。这样一来，海参的身体成了潜鱼的豪华大别墅，潜鱼饿了还能免费吃喝，连"外卖"都不用点。

---

① "战五渣"为网络流行语，意为"战斗力只有5的渣滓"，用于调侃某人或某事物实力极弱、不堪一击。

海参：我真的会谢！

找到房子了！

2　趁虚而入的无耻之徒

潜鱼究竟是怎么进入海参体内的呢？

首先，海参奇葩的呼吸系统在肛门处，通过肛门的一收一张进行呼吸。潜鱼就利用这个漏洞，趁虚而入。它通过嗅闻气味找到海参，然后使用其体侧线作为感觉器官，敏锐地探测水流的变化，寻找海参肛门呼吸水流。随着海参肛门的扩大，瞬间钻入海参的肛门里。

其次，正所谓工欲善其事，必先利其器，潜鱼为了更好地钻入海参的肛门，进化成光滑无鳞、纤细扁平的模样，而且从头到尾越来越细。

潜鱼进入海参体内的方式有两种：一是遇到紧急危险时首先头部钻入海参肛门；二是细长的尾部接近海参肛门，逐渐钻入其体内。

3　"大冤种"海参

海参为底栖生物，一般栖息在繁盛的海藻间、珊瑚沙底或礁石缝中，生性迟钝，行动缓慢。如果说要"抱大腿"，潜鱼为什么偏偏瞄准这看起来一点也不霸气的海参呢？

第一，海底庇护所稀缺。由于珊瑚礁空间有限，潜鱼只能另辟蹊径，身宽体胖的海参就成了它的温柔乡。如果环境合适，海参能够长时间停留在一处一动不动，这对于潜鱼而言，很少有比海参更好的"移动住宅"了。

第二，海参具有超凡生存力。海参有"海洋活化石"之称，早在6亿年前就已经存在了，连恐龙见了它都得喊一声"大佬"。那么海参经历了5次生物大灭绝，怎么还没"凉凉"呢？其实，别看海参外表柔弱，它却是数一数二的逃跑大师。海参的皮肤遍布着密密麻麻的神经末梢，一旦感觉到威胁，肠子等内脏通过挤压的方式喷涌而出，来个"金蝉脱壳"，分散敌人的注意力并溜之大吉。而它缺失的器官会慢慢再生，因此潜鱼啃噬海参的生殖腺和内脏也不会危及海参的生命。

第三，海参的呼吸结构为潜鱼提供通道。海参通过肛门来呼吸，进行身体的气体交换。因此，只要海参呼吸，潜鱼就可以随心所欲地自由进出。潜鱼心情好时会出来捕捉一些微小的甲壳动物，如懒得出门，就一直待在海参体内吃海参的内脏。

因此，对于潜鱼来说，钻入海参的肛门就相当于钻入了世外桃源，这个"庇护所"让它安全感十足。

这些不请自来的家伙把自己的身体当成五星级酒店，脾气再好的海参也忍无可忍。为了阻止潜鱼，海参心生一计——有的海参长出了肛门齿，肛门齿能紧紧地咬合在一起，以此来吓退那些该死的潜鱼。然而，潜鱼依旧我行我素，更加肆无忌惮地进进出出，它们白天寄居，晚上出门觅食。有的潜鱼更为猖狂，不仅自己住，还喜欢炫耀，呼朋唤友开派对。最夸张的是，有记录一只海参体内最多寄生了15条潜鱼，潜鱼甚至连繁衍后代的事都在海参体内完成。（海参：栓 Q[①]）

或许，潜鱼这种厚颜无耻的寄生行为也是自然界的一种平衡，让人不得不感叹生态系统的多样性以及生物间意想不到的微妙关系。

---

① "栓 Q"为网络流行语，是英文短语"thank you"的谐音版本，本意是感谢，后来衍生为表达自己很无语，对某件事情特讨厌的情绪。

探秘西沙群岛——你不知道的海底鱼类插图

十九

自带手术刀的"多莉"

黄尾副刺尾鱼

鱼类身份证

名字：黄尾副刺尾鱼

拉丁名：*Paracanthurus hepatus*

纲：辐鳍鱼纲

目：鲈形目

科：刺尾鱼科

属：副刺尾鱼属

栖息地：印度洋、太平洋的热带海域，从非洲东部沿海至土阿莫土群岛，中国的南海和台湾海域也有分布

栖息深度：2～40米

大小：体长15～30厘米

技能：锋利的"手术刀"

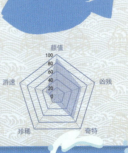

动画中的"多莉"（图片来源：《海底总动员 2》）

现实中的"多莉"（图片来源：H.Krisp/wikipedia）

　　这是水族馆中最常见的鱼类之一，孩子们管它叫"多莉"，就是那条话特别多、但记忆只有 5 秒的蓝色小鱼。这种鱼的学名叫黄尾副刺尾鱼，也叫蓝唐王鱼、蓝刀鲷、蓝倒吊、蓝吊等。常见于热带珊瑚礁附近的清澈水域。

　　2003 年的电影《海底总动员》和 2016 年的续集《寻找多莉》上映后，其受欢迎程度飙升，成为继小丑鱼后又一条"网红"鱼。与可以大量人工繁殖的小丑鱼不同，尽管黄尾副刺尾鱼是水族市场和海洋馆的常客，但它们至今难以实现商业化的大规模人工繁育，在市场上见到的个体几乎都来自野外捕捞。

　　这有着得天独厚观众缘的"明星"，还有许多有趣的特征和行为值得探索，你知道它们其实是看似美丽却暗藏杀机的鱼吗？

1 长"雀斑"的鱼

黄尾副刺尾鱼宛如海洋超模，长椭圆形的身材覆盖着尊贵的宝蓝色，而三角尾鳍亮黄夺目，这种"多巴胺"式的撞色令其在海洋里脱颖而出，使其他鱼类都相形见绌。此外，它们身上还有黑色条纹，酷似调色盘的形状，更添艺术感。

看过《海底总动员》的小伙伴一定对多莉脸上的"雀斑"记忆犹新。这是因为随着年龄的生长，黄尾副刺尾鱼不再追求单一的黑色条纹，为了让自己长得更有个性，逐渐长大的鳞片挤开黑色条纹，形成了密密麻麻吸睛的暗色斑点。

2 海底版荆轲刺秦王

除了对黄尾副刺尾鱼蓝色的身板、黄色的尾巴和背部黑色调色盘状的图案印象深刻，你可别漏了它最重要的特征——尾柄两侧各有一枚强壮的刺，外形和手术刀片相似，这是它名字带有"刺尾"两个字的原因。这个形态特征也是刺尾鱼科鱼类的名片，因此，刺尾鱼科鱼类的英文名为 surgeon fish（surgeon 意为"外科医生"）。

不过，你能找到黄尾副刺尾鱼的刺算你赢哦！

看，就是在尾巴附近，两侧各有一个白色的"牙齿"，尖的那头朝向头部，非常奇特吧？

虽然黄尾副刺尾鱼生性羞怯，但是被逼到绝境时，它会突然转身用尾巴一侧靠近并扫向敌人，亮出这一对"手术刀"，干净利落地划开对方的身体。

刺尾鱼的尾刺收放自如，平常不用时收在身体侧面的凹槽中，

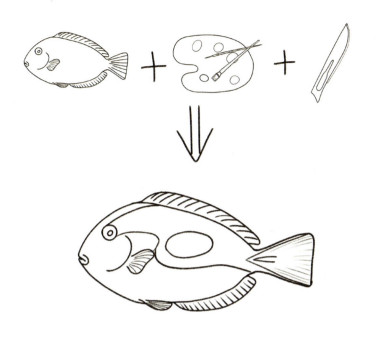

多莉是如何构成的?

一碰到危险立刻像弹簧一样弹出来。而且这些可与外科医生的手术刀相媲美的刺大多数带有毒腺,而刺尾鱼毒素是天然毒素中最强的毒素之一,主要导致心脏功能的衰竭,以及局部的神经损伤。

黄尾副刺尾鱼简直就是一位深藏不露的刺客,连刺杀秦王的荆可都不得不甘拜下风呢!

装死小能手

可是,别看黄尾副刺尾鱼身藏暗刀,看似非常拉风,它却不是勇敢的武士,有时甚至很怂。遇到危险时,它就像莎士比亚笔下"to be or not to be"的哈姆雷特一样犹豫不决,而大多数情况是,当它纠结要不要出刀时,便干脆遵循自己的本能反应——装死。

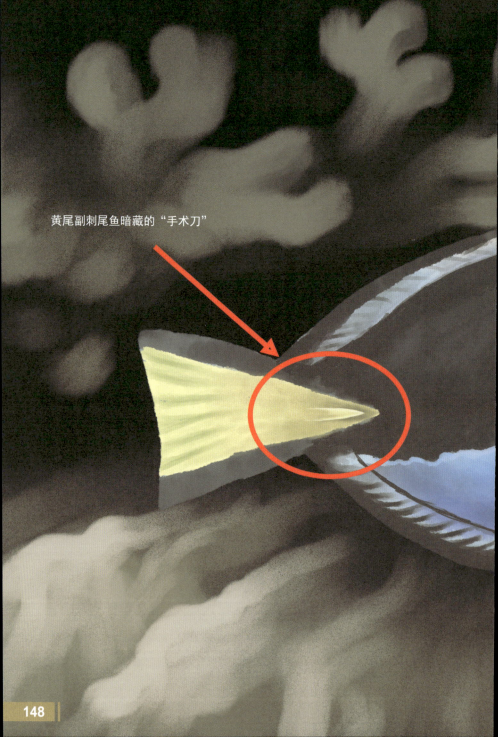

黄尾副刺尾鱼暗藏的"手术刀"

是的，这听起来有点疯狂（像皮克斯电影一样滑稽），但黄尾别刺尾鱼确实具有装死的"天分"。它是珊瑚礁区的胆小鬼，遇到威胁，最拿手的方式就是快速挥动着自己的胸鳍，躲进礁石或珊瑚支中，但如果无处可躲，它就干脆放弃躲避，就地躺着一动不动地节"刀"装死，直到危险解除，以此期盼可以逃过一劫。

大多数鱼类长到稚鱼时期就开始长出鳞片，变换花纹，鱼体会慢慢出现颜色和斑点，但偏偏黄尾副刺尾鱼不走寻常路，它们在整个稚鱼期一直是"透明穿搭"派。整整50天，宛如穿着隐形斗篷船遮遮掩掩，就是不显山不露水。直到第50天后，它们突然转变造型身着蓝色新装，大搞惊喜秀，简直让人叹为观止。其实这是为了使猎食者不容易找到它们的踪影，从而让稚鱼在危险重重的海底世界得以安全。

当黄尾副刺尾鱼长大成"鱼"后，会根据其心情和周围环境而改变体色，当它们心情放松时，展现出的是明亮的蓝色；但当它们感知到压力或威胁时，体色会变深，这是它们在相互传递的信号："伙计们，前方有敌人，快点抱团取暖！"而在交配的过程中，雌、雄鱼的体色也会出现不同的变化：雄鱼身体上的蓝色，除了头部和"调色板"中间的圆圈外均变浅，背部黑色的条带保持不变；而雌鱼的蓝色则保持不变，黑色条带颜色变浅，趋近于银灰色。

 素食主义者

大多数刺尾鱼是吃素的，它们主要吃藻类，黄尾副刺尾鱼也不例外首先，它们的嘴很小，门齿边缘呈锯齿状或者波浪状，像是一把细细长的刚毛刷，能直接刷下藻类，因此特别适合用来刮食附着在珊瑚礁的藻类。其次，它们的胃部也有着特殊的肌肉用来磨碎藻类，且肠道端有一种腺体囊，能够分泌一种菌类帮助其消化藻类。像也曾出现在《海底总动员》电影中的黄高鳍刺尾鱼（*Zebrasoma flavescens*），就因为总喜欢追着海龟吃其背上的海藻，而被誉为海龟的清洁工。

最毒美人心

蓑鲉

鱼类身份证

名字：蓑鲉
拉丁名：*Pterois volitans*
纲：辐鳍鱼纲
目：鲉形目
科：鲉科
属：蓑鲉属
栖息地：印度洋、西太平洋暖水海域
栖息深度：1～50 米
大小：体长 25～40 厘米
技能：13 根致命毒刺

颜值
100
80
60
40
20
游速   凶残

珍稀   奇特

你相信仅仅6条鱼就引发了海洋生态系统的"大惨案"吗？听起来是不是有点儿天方夜谭？可事实上，直到30年后的今天，大西洋里的一众生灵们依旧饱受其害。

1992年，飓风安德鲁在美国的佛罗里达州登陆，迈阿密海洋馆的一个水族箱被飓风损坏了，里面养着的6条蓑鲉（又称狮子鱼）趁机逃进了海里，这些长得花里胡哨的大毒球，仗着自己背鳍中有毒刺，天敌很少，在珊瑚礁里横行霸道，一时之间把美国的珊瑚礁生态都整崩溃了。

触须蓑鲉

最华丽的猎手

在危机四伏的热带珊瑚礁海域中，稀缺的食物和拥挤的空间使这里的竞争尤为激烈。为了赢得自己生存的一席之地，鱼类的形态、体色，甚至是伪装、掩盖气味等技能，在漫长的演化过程中都不断得以完善。蓑鲉就是在这场自我改良的进程中，给自己披上了一件华丽的衣裳。

蓑鲉的这对大胸鳍看起来像是稻草做成的蓑衣，因此被称为蓑鲉。此外，它们的胸鳍宽大如翼，游离的胸鳍鳍条上还带有彩色的鳍膜，看起来就像带羽的翅膀，浮夸无比，又像雄狮头上的鬃毛一样张牙舞爪地围了一圈，因此也有"狮子鱼"的别称。

蓑鲉的身材跟流线型没半点关系，一看就知道不是游泳的料，再加上其花里胡哨的长相，很容易让人觉得是个中看不中用的"花瓶"。不过，可别小瞧它们，既然蓑鲉能到处入侵，就说明在它们华丽的外表下面一定隐藏着某些狠角色的特质。

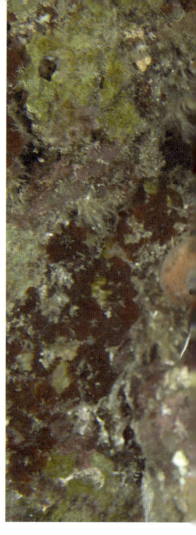

蓑衣

 危险的蛇蝎美人

　　动物界里存在一种被称为警告色的现象，即许多具有鲜艳体色的动物往往具有危险性，且体色越鲜艳就越危险。蓑鲉其实在用鲜艳的颜色和花枝招展的鱼鳍来警告敌人：我可是有毒的，别招惹我！

　　蓑鲉全身一共有 18 根毒刺，其中背上那 13 根尤为致命。当有敌人想来尝鲜时，它会像李小龙一样迅速调整身位，确保自己的背鳍能一直朝向敌人。同时竖起全身的鳍棘和鳍条，化身为一颗移动的"毒刺炸弹"。面对蓑鲉的13根"绝佳武器"，其他鱼类只能望而却步。即使蓑鲉不幸掉入掠食者的口中，掠食者也会因为它全身的鳍棘难以吞咽，而只好将其吐出，但吐出的过程可能依然会被蓑鲉的毒刺刺伤，导致中毒。蓑鲉因此曾被美国《生活科学》杂志列入"十大最危险的海洋动物"之一。

像雄狮的鬃毛

3 吸星大法

蓑鲉可不只懂防守，它们进攻起来也很吓人。虽然蓑鲉体形不大，但这丝毫不妨碍其接近食物链的顶端。会用毒还远远不够，蓑鲉想要吃饱，还得使出其大招——"吸星大法"。

蓑鲉的嘴部有26块骨头，可以帮助蓑鲉的颚部伸长，当其突然打开口腔时，一个真空区域便形成了，被包围在此区域内的猎物就会被"吸"进蓑鲉的嘴里。蓑鲉的菜单真是五花八门，大小适口的小鱼、甲壳类，甚至还有它们自己的同类呢！

蓑鲉实施"吸星大法"时还经常搭配另一个独门绝技——向猎物喷水。几乎所有鱼的身体两侧都有侧线，这是鱼类的感觉器官，帮助鱼类通过感应水流和压力的变化来识别天敌或者猎物的方向。狡猾的蓑鲉就爱冲着猎物的侧线喷水。花枝招展的它先是游到猎物的头顶，然后张开"翅膀"，噗一声，从嘴里喷出水流，把猎物搞得晕头转向，再伺机突然前冲，鼓起鱼嘴，制造负压，一口气把猎物吸进嘴里，整个过程非常丝滑。

 超级大胃王

　　一开始蓑鲉作为入侵物种来到大西洋，它们惊喜地发现这里的小鱼们"目中无鱼"地在它们周围游动，看看这些送到嘴边的美食，蓑鲉高兴坏了。

　　一项调查研究指出，仅仅在5周内，一条蓑鲉便能够使其他鱼类的数量减少79%。一条蓑鲉能在30分钟内吃掉20条小鱼，连个饱嗝都没打一下。而一条成年蓑鲉每年会吃掉等同于其自身体重8.2倍的食物。可是蓑鲉究竟如何将这么多鱼塞进肚子里就成了个问题。科学家们后来通过解剖蓑鲉找到了答案。原来蓑鲉长了一个可以伸缩的胃，当食物充足时，它便猛吃，胃的体积可以扩大到原来的30倍左右。因为无节制地大吃大喝，甚至让有些蓑鲉出现了类似脂肪肝的症状。

 海洋里的瘟疫

　　不愁吃喝自然繁殖就旺盛起来。一项研究指出，成熟的蓑鲉会全年无休地产卵，大概每2~3天就会产卵一次，每次产卵2万~3万粒，这样算来，每年大约可产卵200万粒！正因为具有如此强大的繁殖能力，蓑鲉才会像瘟疫一样，泛滥成灾。

6 吃货们在行动

为了遏制臭名昭著的蓑鲉快速繁殖，人们不得不拿起筷子。

还好蓑鲉是一种美味的食用鱼。虽然 2010 年美国食品药品监督管理局（FDA）测试其雪卡毒素为阳性，把它列入了食物中毒风险名单，不过有学者进行了研究，认为 FDA 测试的雪卡毒素阳性是蓑鲉的毒素蛋白所导致的假阳性，这种毒素在室温下都会降解，更不用说烹调加热之后了，只要处理得当，但吃无妨。因此，一些地方政府还鼓励当地渔民捕猎蓑鲉，并且让厨师尽量多地开发蓑鲉的烹饪方法，当地甚至开设了许多以蓑鲉为招牌的特色餐厅。一些地方还会定期举办狩猎蓑鲉的比赛，甚至还把捕捉蓑鲉纳入潜水旅游项目。然而这对于庞大的蓑鲉种群来说，也不过就是杯水车薪。

7 天敌培养计划

虽说把蓑鲉吃进肚子里能在一定程度上减少它们的数量，但对于外来入侵物种来说，生物防治才是最好的办法。例如，现在潜水员们抓到蓑鲉之后，会将其送到鲨鱼、海鳗、石斑鱼等嘴边，以此试图驯化这些海洋顶级捕猎者"爱上"吃蓑鲉。

此外，专门用来对付蓑鲉的水下机器人也被开发出来了，这些机器人工作就 3 步：识别蓑鲉，放电击晕它，吸到罐子里。

然而，随着近几年来人们对于蓑鲉的"围剿"，机警的蓑鲉似乎嗅到了危险的气息，有些便"搬家"到了 300 多米深的海域。恐怕人们只能寄希望于未来的科技发展，才能让蓑鲉的数目真正大量减少了。

大、隐隐于市

叶海龙

鱼类身份证

名字：叶海龙
拉丁名：*Phycodurus eques*
纲：辐鳍鱼纲
目：海龙目
科：海龙科
属：叶海龙属
栖息地：澳大利亚南部及西部海域
栖息深度：4～30 米
大小：体长 30～40 厘米
技能：伪装成海藻

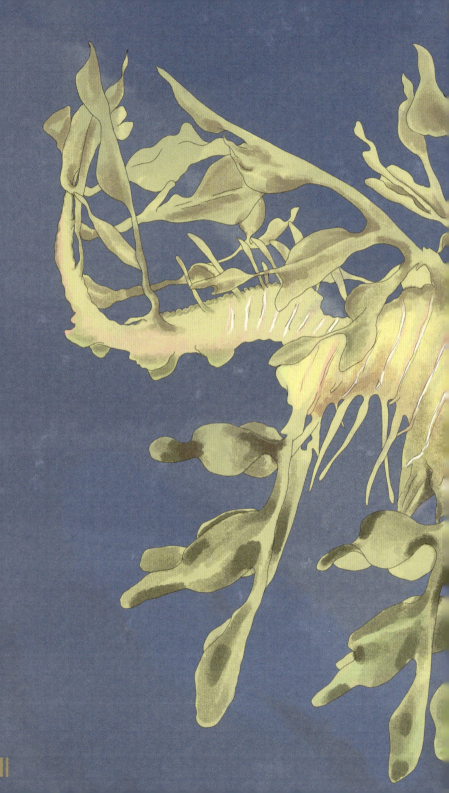

海藻一般存在的叶海龙

在海洋世界中，不是所有鱼都敢长得如蓑鲉那般花枝招展，一些弱小的生物要想在变幻莫测的海洋中存活，必须时刻保持低调。惹人注目的外表不仅会招来杀身之祸，而且会给其捕食之路带来重重阻碍。

上图中那株一动也不动的"海藻叶"有一个非常好听又威风的名字——叶海龙。怎么样？听起来是不是像武林高手一样？可惜它跟英姿飒爽扯不上什么关系，相反，它可是海里的"隐士"呢！叶海龙随着海流摆动，自然低调得让你几乎无法发现它的存在。

叶海龙隶属海龙科，与我们所熟知的海马是近亲，主要栖息在海底的珊瑚礁和海藻丛中，以浮游生物、海虱和糠虾等为食。

这条长在海里神秘的"龙"仿佛是由不同的生物"拼凑"而成。头部似马，吻部细长；双眼可360度转动观察周边险情；长长的尾巴能缠绕在海草上以防身体被急速的海流冲走；管状的吻部里面没有牙齿，靠着敏捷的甩动就能像吸管一样把浮游生物吸进肚子，饱餐一顿；仔细一看，它身上的"叶子"状的附肢是半透明的，略微带有黑色斑点，在穿透海面的阳光下熠熠生辉，宛若披着缀满水晶的绿纱，游动起来摇曳生姿，令人啧啧称奇，所以人们又称其为"世界上最优雅的泳客"。看着这样神秘而美丽的生物，你是不是也不禁惊叹大自然造物之神奇？

瞒天过海指数☆☆☆☆☆

　　如果自然界中有"拟态达人大赛"，那叶海龙无疑将是最强劲的竞争者之一。

　　拟态是指一种生物在外形、色彩甚至是行为上模仿另一种生物或非生物体，从而使自己得到好处的现象。从模拟对象上看，拟态可分为模拟动物和模拟环境物两大类。叶海龙属于后者。它的伪装策略十分简单直接，那就是专门拟态海藻。

　　叶海龙借助自己的先天外形优势，配合前后摇摆的运动方式，以及随栖息海域深浅而变化的体色，轻易伪装成海藻，骗过天敌，保住小命。

　　叶海龙一般隐藏在海藻丛生、水流极慢的近海水域栖息与觅食。它的身体细长而扭曲，酷似一截正在随波逐流的藻茎。从长长的嘴巴到细细的尾巴，十几个叶状附肢布满其全身。无论是形状、质感还是色彩，这些附肢都和真正的海藻叶片毫无二致。在水中摇曳生姿的它，可谓是杰出的伪装大师。

　　叶海龙体色变化万千，具体如何变化取决于年龄、地点、食物和周围环境。绿色、金色以及橙色等都是它们最常见的体色。生活于较浅海域的叶海龙身体呈黄褐色或绿色，而在深水海域生活的则呈灰褐色或酒红色。

163

 **超级慢性子**

　　为了让拟态海藻的效果更逼真，叶海龙的鱼鳍基本都已退化，变得小而透明，因此它游泳的速度慢得离谱，大概跟一个人站在滑板上靠拼命扇扇子前进的速度差不多。

　　不过，这也增强了叶海龙伪装的效果。试想一下，偶遇一条似乎完全不动的叶海龙，习惯了冲刺和追逐的凶猛捕食者，怎么可能不疑它不是一团洋流带来的海藻呢？一些叶海龙可以保持静止长达8个小时。它们会以每分钟数次的速率缓慢地摆动臀鳍和腹鳍，胸鳍则主要用于控制移动的方向。叶海龙可以通过调节鳔中的空气量保持身体静止在原地，或在水中垂直上下移动。虽然目前尚未发现成年叶海龙存在天敌，只偶尔发现有鲨鱼捕食过它们，但这些小可怜在大型的洋流或者暴风雨中，有可能被卷走或者因游得太累精疲力竭而死。

3 神仙爱情

海底世界也会有优美的爱情。雄性叶海龙一旦遇到心仪的异性，便会展现出令人称叹的求爱技巧，它们如影随形，模仿雌性的动作，从而形成一场美妙的"二重奏舞蹈"。在这优美的舞蹈下，雄性叶海龙很快就成功俘获了异性的芳心。

叶海龙生性害羞，平时很少成群活动，只有在繁殖期的时候才会成双成对地一起生活。与海里大多数奉行一夫多妻制的鱼类相比，它们可专一多了。

叶海龙的神仙爱情

4　超级奶爸

叶海龙除了是"别人家的丈夫"外，还是"别人家的爸爸"。

和海马类似，雄性叶海龙承担了生儿育女的大部分责任，是海洋生物中当之无愧的超级奶爸。每年的8月至翌年3月是叶海龙的繁殖期。交配期间，雌性会将120～250粒卵排在雄性尾部蜂巢状的育婴囊中。交配完成后，叶海龙爸爸就开始养育这些小卵，对它们嘘寒问暖、关怀备至，直到所有宝宝完全孵化出生为止。待30～35天的孵化周期结束，新生的迷你叶海龙宝宝们身长大多可以达到20毫米左右。但它们并不马上离开"父体"，而是一直由父亲照料。

平时，雄性叶海龙将尾部放下，袋口便张开，小宝宝们从袋中鱼贯而出，外界如有风吹草动，它们便迅速钻进袋里，袋口会自动关闭，确保其生命安全。可见小叶海龙"父亲"之艰辛。"慈父严母"这个词用在叶海龙身上再合适不过。

5　种群数量不容乐观

即使有叶海龙爸爸的悉心照料，也有着数一数二的伪装术，但仅有5%的宝宝可以存活下来。

令人惋惜的是，虽然叶海龙生活在浅海中，但是如今它们的踪影却和那些生活在深海里的神秘动物一样难以寻觅。近几年来，叶海龙的生存受到很大的威胁，因为浅海水域污染问题越来越严重，加上它是名贵中药材之一，导致其种群数量逐渐减少。叶海龙已处于濒临灭绝的境地，20世纪90年代初，它们的数量几乎下降至临界点，一些地方如澳大利亚已将叶海龙列为重点保护珍稀动物。

希望在不远的未来，人类能还美丽的叶海龙一方纯净的家园。

身披斗篷的剑客

旗 鱼

鱼类身份证

名字：旗鱼
拉丁名：*Histiophorus orientalis*
纲：辐鳍鱼纲
目：鲈形目
科：旗鱼科
属：旗鱼属
栖息地：大西洋、太平洋、印度洋，中国主要分布于南海
栖息深度：可潜入800米深的水下
大小：体长200～400厘米
技能：佩戴"长剑"的游泳健将

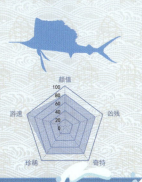

　　第二次世界大战后期，一艘满载石油的英国轮船"巴尔巴拉"号在大西洋上踏浪前行，突然一声巨响和船身的晃动让所有船员吓了一跳，他们发现大量海水正飞速灌入船舱。由于当时正处于战争时期，船长还误以为遭受了鱼雷的攻击，后来才发现，原来是船底

被一条鱼划开了一个大洞。这条鱼最终被捕获后拖到甲板上，经测量，鱼身长 5.28 米，重 660 千克。

这条鱼就是旗鱼，又名芭蕉鱼，是活跃于热带、亚热带上层大洋的洄游性鱼类（有时也会潜入深海觅食）。它们体形巨大，一般长 2～3 米，拥有优美的流线型身材，尾部犹如一柄大镰刀；上颌如同一把锋利的长剑，穿透力极强；第一背鳍又长又宽，竖起来像一面迎风招展的旗帜，又如扬帆，因而得名。

在危机重重的大海中，旗鱼身披"斗篷"，佩戴锋利的"长剑"，在深海大洋中闯荡，它是海洋里的游侠剑客，更是让人闻风丧胆的速度王者。

 ## 剑鱼、旗鱼、枪鱼傻傻分不清

"钓丝慢慢稳稳上升，接着小船前面的海面鼓起来，鱼露出来了，水从它的身上向两边直泻。它浑身光明耀眼，头和背呈深紫色，两侧的条纹在阳光里显得宽阔，带着淡紫色。它的长嘴像棒球棒那样长，逐渐变细，像一把轻剑，它把全身从头到尾都露出水面，然后像潜水员般滑溜地又钻进了水中，老人看见它那大镰刀般的尾巴出没在水里。老人说：'它比小船还长两英尺[1]呢。'"

这是美国文学巨匠海明威所著小说《老人与海》的其中一段，描述的是老渔夫和一条巨大的马林鱼搏斗的过程。有不少译者把它翻译成旗鱼，而实际上，这里的马林鱼是大西洋蓝枪鱼。

人们常常会把"海洋三剑客"——剑鱼、旗鱼、枪鱼张冠李戴，看成是一种鱼。从颌剑来看，剑鱼拥有最长的颌剑，其长度可占到身体的1/3；旗鱼和枪鱼虽然也有颌剑，但其长度明显要比剑鱼短很多。从背鳍来看，剑鱼背鳍小、底短，呈三角形；旗鱼背鳍柔软高大，呈帆状；枪鱼背鳍长，但只有前端高耸。

---

①英尺为非法定计量单位，1 英尺 =30.84 厘米。

教孩子分辨剑鱼、旗鱼、枪鱼

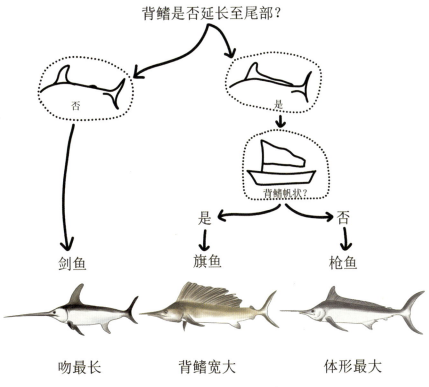

背鳍是否延长至尾部？

否 → 剑鱼

是 → 背鳍帆状？

是 → 旗鱼

否 → 枪鱼

剑鱼 —— 吻最长

旗鱼 —— 背鳍宽大

枪鱼 —— 体形最大

剑鱼、旗鱼、枪鱼的一眼鉴定图

海上"法拉利"

　　旗鱼在辽阔的海域中疾驰如箭。《自然》杂志刊载的一份"海中动物的速度比较表"显示，旗鱼的游速最高可达每小时120公里，略逊于剑鱼的每小时130公里，屈居亚军。而在吉尼斯世界纪录中，被记录的旗鱼最高时速竟然每小时190公里，成为游泳速度最快的海洋动物。

旗鱼之所以可以游得那么快，首先得归功于其完美的身材。流线型的身形最大限度地减少与海水的摩擦阻力；发达的肌腱简直就是它的超级引擎，为旗鱼提供了充沛的动力，使其能够像装了一架超酷的螺旋桨般高速疾驰；巨大的背鳍也非常酷，当旗鱼想要加速时，它可以将其像帆一样折叠起来以减少阻力，而当它想要减速时，就会把背鳍弹起来，跟玩高空滑索的人穿的减速伞作用如出一辙；尾鳍的肌肉也很发达，摆动时能够像轮船推进器一样产生推力，让旗鱼在大海中驰骋纵横；长长的嘴如同利剑一样，让旗鱼能够迅速将前方的水劈成两半，很好地开路。

　　此外，旗鱼相对恒定的体温也助其一臂之力。通常鱼类的体温随水温的升降而变化，但旗鱼的肌肉组织会源源不断地产生热量，从而维持相对恒定的体温，这样能让它拥有更强的爆发力且更加灵活。旗鱼眼睛的旁边还有一套逆流热交换血管，专门给流经眼睛和大脑的血液加热，可以让它的眼睛和大脑温度保持在 $19 \sim 28℃$。

　　然而，关于旗鱼的游动速度一直存在争议。尽管大多数学者都认为旗鱼是游动最快的海洋动物之一，但科学家对墨西哥坎昆海域的旗鱼进行了电流刺激，实验得出旗鱼的最大理论速度仅为每秒8.3米。

　　尽管旗鱼的速度可能被高估了许多，但并不妨碍它们成为海里的"光速"游侠，耀武扬威，巡游四方。

技艺高超的剑客

　　除了惊人的游动速度，旗鱼拥有近1/4身体长度的上颌才是使其成为当之无愧的海洋霸主的真正原因。

　　你是不是认为旗鱼在捕食时，会像人类使用牙签插水果一样，直接刺穿猎物？实际上旗鱼捕猎并不是"戳"猎物，而是"砍"猎物。

　　想象一下，有人拿着一把锋利的剑以极快的速度向我们冲来是多恐怖的事，这就是旗鱼的捕猎场景。当旗鱼发现猎物时，往往不急于进攻，而是围着猎物快速游动，使其受到惊吓，从而拼命地游动，待其筋疲力尽时，旗鱼看准时机，将猎物驱赶聚集在一起，随后迅速冲入鱼群，像是一位技巧高超的剑士，摆动头部，用长剑把猎物撞晕而后撕成碎片，不一会儿便将海水搅得鲜血翻滚，从而饱餐一顿。除了天敌鲨鱼，很多诸如虎鲸之类的巨型生物都对旗鱼有所忌惮。

 团结就是力量

　　旗鱼讲求团队合作。通常情况下，旗鱼会以2条或更多条为一组生活在一起。为了提高捕食效率，它们喜欢攻击沙丁鱼和凤尾鱼等较小的鱼群。十几条旗鱼会故意改变沙丁鱼群的游动方向，迫使它们逆流而上，这就方便了旗鱼对这类鱼群进行捕食。然后，旗鱼们会使用其巨大的背鳍在猎物周围形成一道栅栏，以防它们的猎物逃脱。

5 面临的生存威胁

在海洋中自由自在生活的旗鱼，遇上人类之后依然难逃被捕捞的命运。由于其肉质非常鲜美，营养成分也极其丰富，其中鱼油含量也颇高。人类为了利益，不断地捕捞旗鱼，导致旗鱼数量大幅减少，过去50年里，旗鱼总数减少了近90%。旗鱼的生存面临着极大的威胁。

因此，部分国家和地区也制定了相关的保护政策。在2002年，危地马拉颁布了旗鱼保护法，这也是全球第一个颁布相关法律的国家，并且成立了保护太平洋海岸线以内旗鱼的委员会；美国在2015年禁止从海洋中捕获大西洋旗鱼，在有许可证的前提下，只允许捕捉不超过1.6米长的旗鱼。

探秘西沙群岛——你不知道的海底鱼类世界

二十三

不走寻常路

飞 鱼

鱼 类 身 份 证

名字：飞鱼

拉丁名：*Cypselurus oligolepis*

纲：辐鳍鱼纲

目：颌针鱼目

科：飞鱼科

属：燕鳐鱼属

栖息地：太平洋最多，印度洋及大西洋次
之，中国主要分布于南海

栖息深度：0～20米

大小：体长20～45厘米

技能：会"飞"

2008 年，美国游泳运动员迈克尔·菲尔普斯（Michael Phelps）以泳坛王者的姿态登上北京奥运会的舞台并大杀四方，在他的游泳生涯里一共斩获 23 枚奥运会金牌，人送外号"飞鱼"。但真正的飞鱼并不是以游泳速度著称，而是以会"飞"而得名。

飞鱼广泛分布于全世界的温暖水域，共有 8 属 50 种。中国海域记录有 6 属 38 种，以中国南海种类最为丰富。在西沙群岛的美丽海域，经常可以看见一场场精彩绝伦的飞鱼秀：它们突然加速，从水里窜出来，拼命扇几下"翅膀"，或者来个空翻，然后再平拍到水面上。仿佛谁飞得越高、空中姿态越优美、入水拍得越响，谁就是好样的。

 充满神话色彩的鱼

长着翅膀还能飞翔的鱼，充满了神话色彩。从古至今，关于飞鱼的古老记载和神话传说数不胜数。

有着4只"翅膀"的飞鱼

关于飞鱼的记载最早出自中国古代神话集《山海经·西山经》：
"又西百八十里，曰泰器之山。观水出焉，西流注于流沙。是多文鳐鱼，状如鲤鱼，鱼身而鸟翼，苍文而白首赤喙，常行西海，游于东海，以夜飞。其音如鸾鸡，其味酸甘，食之已狂，见则天下大穰。"（译文：再向西一百八十里是泰器山。观水从这里发源，向西流入流沙。水中有许多文鳐鱼，形状像鲤鱼，长着鱼的身体和鸟的翅膀，身上有青黑斑纹，白脑袋红嘴巴。它们常在西海和东海之间游动，夜会跃出水面飞翔，叫声如同鸾鸟。这种鱼肉质酸甜，食用可以治狂病，人们看到它就意味着天下五谷丰登。）这种飞来飞去的叫"鳐鱼"的鱼，大概最接近现实中飞鱼的形象了。

此外，飞鱼还得到了唐代诗人贾岛的青睐。他在《寄远》中写道"门前南流水，中有北飞鱼。鱼飞向北海，可以寄远书。"将飞描绘成传递信息的使者。

 最古老飞鱼化石

人们一直以为飞鱼经过很长时间才进化出能够"飞翔"的能力然而中国研究人员在贵州省发现了一种飞鱼化石（长13厘米，板28厘米，板宽15厘米），它形成的时间可追溯到约2.4亿年前的三叠世，比恐龙出现早5 000万年，比早期鸟类出现早8 000万年是迄今已知最古老的飞鱼化石。这块化石的发现，说明早在2亿年前，飞鱼就已经练就了一身逃命技能，而且它还至少经历过2年前的三叠纪晚期、6 500万年前的白垩纪末期和工业革命3次生大灭绝的洗礼。

 天高任鱼"飞"

其实飞鱼并不会飞，它只是优秀的空中滑翔高手。

飞鱼最明显的特征就是它的胸鳍，平时游泳基本用不上，于就被折起来，紧贴在身上，不太显眼，而一旦冲出水面升起时，胸鳍随即展开。有些飞鱼不光胸鳍发达，腹鳍也很大，同时展开就长着两对翅膀（在胸部两侧有延伸到尾部长且宽的胸鳍作为"主翼"

一对较小的腹鳍在腹部作为滑行时的"辅翼")。此外，最厉害的是飞鱼的尾鳍下半叶比上半叶长且坚硬，这种特殊的结构使其尾鳍在快速摆动时可以产生强大的推力，帮助飞鱼跃出水面进行滑翔。

每当飞鱼准备离开水面时，它的胸鳍都会紧贴流线型身体两侧，然后用强有力的尾鳍左右急剧摆动，划出一条"Z"形的曲折水痕，产生一股强大的冲力，促使鱼体像箭一样突然破水而出，起飞速度可达每秒 18 米。一冲破海面，飞鱼就像鸟类张开翅膀一样把大鳍张开，迎着海风作滑翔飞行。

当飞鱼返回水中时，如果想重新"飞"起来，就会再用尾鳍进行二次加速，使其重新跃出水面。也就是说，飞鱼可以进行 n 次滑翔。如果乘上一阵好风的话，时速能达到 70 公里，飞出去 400 多米远，最高离海面 6 米。日本 NHK 电视台曾拍摄到一条乘风破浪的飞鱼飞出海面，滑翔 45 秒的影像，被吉尼斯世界纪录认定为飞鱼持续飞行时间最长的纪录。

4 入海无门的"韭菜鱼"

2012 年，李安导演执导的奇幻冒险电影《少年派的奇幻漂流》里有这样一段情节：主人公派和老虎正在海中孤舟上挨饿的时候，突然来了一大群飞鱼，噼里啪啦地在船里落下，简直就跟上帝显灵一样，派和老虎也因此免于饿死。为什么会突然来了一大群飞鱼呢？其实飞鱼们是在躲避一条枪鱼的追捕。

实际上，飞鱼在海面上"飞"并不是在玩耍，更不是在炫技，而是在逃命。飞鱼是海洋里的"韭菜"，割完一茬又一茬，在两亿多年的时间里，一直处于食物链的底端。大部分的飞鱼平均只有巴掌长，在海里只能算是小家伙。没有硕大的身躯，也没有尖刺或毒液用以防身，不大不小的个头正好是令捕食者垂涎三尺的美餐。虽然它们懂得"抱团取暖"，仗着庞大的鱼群协同游动来抵御敌害，但摊上剑鱼、旗鱼、枪鱼、鲯鳅等游速迅猛的天敌，也就倒了血霉了，三天两头被这些"飙车党"追杀，搞得它们"亚历山大"[①]。所以就像《少年派的奇幻漂流》出现的那一幕，经常能看见一群飞鱼被追的情景。飞鱼在海里终日战战兢兢，疲于奔命，直到有一天它们脑洞大开，灵光乍现——跃出水面不就可以逃过一劫？

5 上天无路的悲催鱼

然而，跃出水面并不意味着就能安身立命。即便有时能侥幸逃脱海里天敌的追捕，也难以避免来自空中虎视眈眈的威胁。飞鱼刚跃出水面，还没来得及喘口气，等待它们的是一轮来自空中的"收割"——被盘旋在空中的各种鸟类掠走，这些鸟类以军舰鸟为代表。

英国广播公司（BBC）就拍过一条在海里被鲯鳅追捕的飞鱼的悲催经历。飞鱼兄靠着尾鳍提供的强大推力，轻而易举地在空中滑行了几百米，可正当它沾沾自喜之时，军舰鸟以雷霆万钧之势俯冲下来。对军舰鸟来说，"飞"在空中的飞鱼就跟喂到嘴边上一样，张口就来。这时除非飞鱼兄赶紧收起鱼鳍落回到水里，不然难逃一劫，但这么一来又会被水里的鲯鳅吃掉。飞鱼兄此刻陷入了两难的境地，上有大鸟，下有大鱼，只能感叹鱼生太难！最终军舰鸟"坐享其成"，饱餐一顿，飞鱼兄的努力逃生被"一棍打回解放前"。

可即使躲不开被吞噬的命运，飞鱼依旧奋力"飞翔"，如果生命注定要终结，起码也要再看看蓝天白云，让生命再绽放一回。

---

①"亚历山大"为网络流行语，"亚历"跟"压力"发音相近，故"亚历山大"意为压力比山大。

探秘西沙群岛——你不知道的海底鱼类世界

二十四

谁说鱼不能吃鸟

珍鲹

鱼 类 身 份 证

名字：珍鲹

拉丁名：*Caranx ignobilis*

纲：辐鳍鱼纲

目：鲹形目

科：鲹科

属：鲹属

栖息地：广泛分布于印度洋和太平洋，我国南海、台湾海峡有分布

栖息深度：10～188 米

大小：体长 130～170 厘米

技能：吃鸟

有一种把海鸟当成零食的猛鱼，号称是海上的"银色杀手"，它叫珍鲹，又名巨鲹、浪人鲹、牛公鲹、白面弄鱼。珍鲹的身体整体看起来为卵圆形，但却拥有极为狭窄纤细的长鳍和极为硕大的一张嘴。腹部呈银白色，体背呈蓝绿色，下颚较为突出。看外貌就给人一种非常凶狠的感觉。

珍鲹可谓鲹科家族中的大"boss"，虽然在战力上不及大白鲨，但在珊瑚礁水域却是个小霸王。GT是它的英文名 giant trevally 简称，意为巨大的神鱼。根据记录，已知最大的珍鲹体长有1.7米，甚至比成年男性张开双手的长度还要更长，体重80千克。成年的珍鲹很孤傲，喜欢独来独往，只有在产卵期才会看到它们抱团活动的身影，平时它是独行侠，到处流浪，所以也被叫作"浪人鲹"。

作为一种中上层掠食性海鱼，珍鲹性情非常凶猛，它的怪力在海钓界大名鼎鼎，其咬钩瞬间，海钓者能感受到持续不断的猛烈拉扯。由于珍鲹野性十足，像一头发横的蛮牛，征服一条巨大的珍鲹成了每个海钓人的梦想。

不过，珍鲹最与众不同之处在于它是一种颠覆常识的食鸟之鱼。

1 吃鸟的怪鱼

珍鲹最高时速能够达到60公里以上，是海中的"超跑"，经常进行高强度的运动，当然要靠吃肉才够补充能量。俗话说，吃肉不吃蒜，香味少一半。对珍鲹而言，它们的主食是鱼，配菜就来点螃蟹龙虾，而吃鸟就相当于吃蒜了。

一种动物吃什么，得从它们的胃里找答案。迄今为止，人类已经在珍鲹的胃里发现过尚未消化完的鱼类、甲壳类、头足类、软体

银色杀手珍鲹

类动物，甚至还找到过小海龟、小海豚、黑鳍礁鲨，当然也包括海
鸟的残骸，可真是一点也不挑食。英国广播公司（BBC）出品的《蓝
色星球 II》摄影组在塞舌尔的法夸尔环礁（Farquhar atoll）就拍摄到
了珍鲹捕食乌燕鸥（*Sterna fuscata*）的画面。

　　塞舌尔北部诸岛是乌燕鸥在印度洋的传统繁殖地之一，每逢热
带旱季降临，乌燕鸥们就像在举办鸟界的欢乐聚会一样，蜂拥而至
环礁一带。其实它们是为了准备迎接新一代的到来。由于鸟宝宝们
初出茅庐，刚学会飞行不久，所以环礁的平坦湖面成为它们不错的
飞行训练场地。小乌燕鸥除了要练习飞行外，还需要趁机捕食水面
上的浮游生物，所以它们有时会贴近水面飞行。

　　正因为这样，珍鲹的机会来了。珍鲹这略显丑陋的鱼在粗犷的
外表下却藏着一颗细腻的心，它不仅"记住"了乌燕鸥繁育雏鸟的
时间，默默尾随在海面上盘旋的小乌燕鸥，甚至还能够精准预测乌
燕鸥在空中的飞行轨迹，提前预判分析出乌燕鸥的走位。经过这一

系列的"烧脑"操作，当小乌燕鸥离水面较近时，趁其不备，珍鲹突然翻腾一下，划出一道漂亮的弧线，张开充满吸力的大口，一股脑把小乌燕鸥吞入肚中。这一过程行云流水，干脆利落，速度之快令人瞠目结舌，然后当着乌燕鸥妈妈的面扬长而去。真是毫无"鱼"性！

珍鲹大口一张，乌燕鸥凶多吉少

  神秘的朝圣之旅

　　每年，南非的西开普河（the Mtentu River）都会接待从印度洋洄游至此的珍鲹。鱼群首领带领鱼群从大海游向内陆河中，像受到某种神秘力量的指示，珍鲹如虔诚的信徒般在河中停住，然后鱼群开始围在一起转圈，它们既不产卵也不捕猎，这被称为珍鲹的"朝圣之旅"。

　　其他海洋中的鱼类洄游至内陆水域一般都是为了繁衍后代，比如非常著名的大麻哈鱼洄游产卵。然而科学家并没有发现任何珍鲹在河流中产卵的迹象，这至今仍是一个谜题。不知珍鲹这诡异的行为是否是在为它们狠心的猎杀赎罪？

探秘西沙群岛——你不知道的海底鱼类通间

二十五

海里的翩翩君子

蝠　　鲼

鱼类身份证

名字：蝠鲼

拉丁名：*Mobula*

纲：软骨鱼纲

目：鲼形目

科：蝠鲼科

属：蝠鲼属

栖息地：大西洋、太平洋和印度洋等海域

栖息深度：0～120米

大小：体长100厘米以上，最大可达900厘米

技能：最强大脑

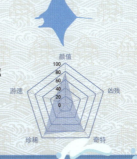

轻盈曼妙的海底"魔毯"

去过海洋馆的你，相信对一种被称为魔鬼鱼的鱼并不陌生。魔鬼鱼的真正学名叫蝠鲼（跟"福分"同音，在中国可是个十分吉祥的名字呢），因为同属软骨鱼纲，它们跟鲨鱼竟然是亲戚！

　　蝠鲼是元老级的海洋鱼类，远在1亿多年前的中生代侏罗纪恐龙时代，它们就已经在大海中遨游，历经沧海桑田，依旧姿态翩跹。由于它们外形独特，成了被人类误解最深的鱼类。究竟蝠鲼是如何从人人喊打的邪恶生物发展成为海洋馆里的宠儿的呢？是时候抛下偏见，好好认识一下它们了。

传说中的"魔鬼"

蝠鲼的英文名 manta 源于西班牙语，意为"斗篷、毯子"，它们背面多为黑色或灰蓝色，腹面灰白且散布着零星的深色斑点，体形就像一张巨大的毯子，而扁平呈菱形的身体后面拖着一条又圆又细的尾巴，两只翅膀一样的三角形胸鳍不停地上下扇动，又像是浩瀚大洋中的一只风筝在自由飞翔。

据记载，最大的蝠鲼展开宽度达 8 米多，重量超过 3 吨。加上它头上突出的两个头鳍酷似恶魔之角，一对宽大的胸鳍宛如恶魔的斗篷，可以说跟《睡美人》中邪恶女巫的形象高度契合，"魔鬼鱼"之名实至名归。试想这巨毯般的生物从头顶掠过时，那些被大片黑影笼罩的海洋生物该何等瑟瑟发抖。

披着魔鬼披风的天使

在很长一段时间里，蝠鲼都被视为海洋中的恐怖生物，直到 40 多年前，这一认知被彻底改变。

20 世纪 80 年代，大名鼎鼎的《大白鲨》作者彼得·本奇利在科特斯海潜水时，趴在一条蝠鲼的背上随其游动，一人一鱼相处非常融洽。两年后他以此次经历为灵感，创作了小说《科特斯海的女孩》，上越来越多的人了解到，其实蝠鲼是一种非常友好的动物，除了外形，它跟魔鬼没有丝毫关系。

蝠鲼的确是一种非常温和的动物。它们安静又沉稳地过着四海为家的流浪生活，没有领地意识，讨厌冲突的它们从不攻击其他海羊动物。即使遇到闯入海中的潜水者，一般也只会羞答答地转身远离。

猜猜我是谁？

  鳐、鲼、魟消消乐

　　上图的鳐、鲼、魟都属于软骨鱼类的鳐形总目，它们都是肉扁扁的，长得都差不多，放在一起完全可以来玩"消消乐"游戏。先试着把鳐、鲼、魟读来听听（怎么也有点难……）。

鳐	拼音 yáo 部首 鱼 繁体 鰩	鲼	拼音 fèn 部首 鱼 繁体 鱝	魟	拼音 hóng 部首 鱼 繁体 魟

鳐、鲼、魟读音认字

　　一般说来，尾巴比较粗大的、有 2 个背鳍又没有尾刺的是鳐；尾巴细细的，只有 1 个背鳍或没有背鳍，还有尾刺的，是魟或者鲼；其中，冒个头出来奇形怪状像蝙蝠的是鲼；头跟身体没有明显分开，连在一块的是魟。

尾巴形状

粗壮且带尾鳍　　　　　　鞭子状

头部是否明显

是　　　　　　否

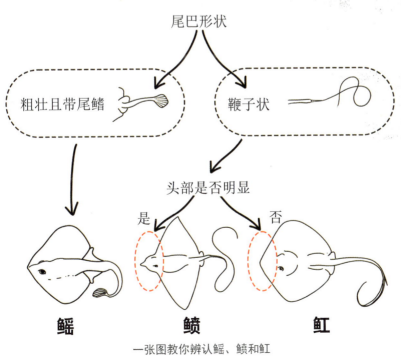

鳐　　　　　鲼　　　　　魟

一张图教你辨认鳐、鲼和魟

鱼类的最强大脑

在大约 32 000 种鱼类中，蝠鲼的大脑最大。虽然鲸鲨才是世界上最大的鱼类，但蝠鲼的大脑竟然能达到鲸鲨的 5 倍之大。

另外，科学家们还在蝠鲼的大脑中发现了"迷网"的结构，这种复杂的血管结构可以帮助蝠鲼保持大脑的温度，而且蝠鲼的脑细胞组成也更类似于哺乳动物或者鸟类的脑细胞，反而不像是鱼类的。有研究指出，蝠鲼所含的与智力有关的神经胶质细胞比家猫还要多，这意味着蝠鲼可能比我们养的宠物还要聪明。种种迹象都表明，蝠鲼很有可能是最智慧的鱼类。

凌空出世的庞然大鱼

蝠鲼和鲸豚类生物一样，当贴近海面时，也可以在海面凌空一跃。而蝠鲼家族最会"飞"的，就是蝠鲼界的小弟——芒基蝠鲼（*Mobula munkiana*）。

芒基蝠鲼的胸鳍展开长度约 1 米，在海中能以旋转式的泳姿高高跃出水面，并来个美丽的空翻，再帅气地滑翔落入水面，有时还会一起群飞，仿佛在互相嬉闹，彰显着蓬勃的生命力。它们飞出水面的高度甚至能达到 4 米，落水时发出"砰"的一声巨响，激起漂亮的水花，就像一个技术高超的跳水运动员，场面优美壮观。

与飞鱼为逃生而"飞"的理由不一样，蝠鲼"飞"的原因至今尚无定论。有人认为是一种驱赶、诱捕食物的方式；有人认为是蝠鲼的一种浪漫的求偶行为；也有人认为是蝠鲼一种独特的"洗澡"方式，通过跃出水面，甩掉身上的寄生虫和坏死组织。

6 走到哪吃到哪的大吃货

虽然蝠鲼体形笨重，但是一说到吃东西，却非常灵活。它们经常缓慢地扇动着"翅膀"，游弋在珊瑚礁附近，并用头鳍（软骨肉角）像筷子一样把浮游生物拨进其宽大的嘴里，再通过类似鲢、鳙鱼鳃的过滤系统，把这些微小的生物留下，过滤掉海水。

为了尽可能多地享用美味的浮游生物团，蝠鲼会做出如翻滚、扭转等各种高难度动作，尤其是几十甚至上百条的蝠鲼集群一起进食的时候，它们会采用"气旋式摄食"方式，首尾相连，一起翻滚，像龙卷风似地席卷猎物，场面超级震撼。据说，每条蝠鲼每天需要获取的食物多达 17 千克。

7 有趣的求偶列车

蝠鲼进食的状态略显混乱，但它们的"求偶列车"却非常有秩序。少则三五条，多则几十条的蝠鲼保持相同的速度，像一列火车那样排着队前进。那阵势跟雁阵有异曲同工之妙。

排在最前面的是一条雌性蝠鲼，跟在后面的是一串雄性蝠鲼。都说"男追女隔重山"，但蝠鲼隔的却是海。这些小伙子们众星捧月地跟在后面，目的只有一个，就是争取交配机会。领头的雌性蝠鲼为了考验它们的"飞行"技巧，会时不时地来个特技动作，后面跟着的都得模仿这个动作，和接龙一样，十分有趣。雌性蝠鲼还会游得特别快，那些跟不上的雄鱼就被甩在了后面。"女神"就是通过这个追逐游戏趁机来考验求偶者的体力和技巧，逐渐淘汰掉大多数追求者，最终体能、飞行技巧最好的那位将获得交配机会。

8 没有买卖就没有杀害

不像别的鱼一次可产几千到几万粒卵，蝠鲼的生育率实在太低。它们基本上每3年左右才能受孕1次，1次一般也只能生出1条后代。因此，其种群资源一旦遭到破坏，凭借蝠鲼自身努力很难恢复。

在中国南方的一些地区，蝠鲼被利欲熏心的鱼贩子包装成一种包治百病的良药。而全球每年捕杀蝠鲼的数量约为10万条，使得蝠鲼一度成为濒危物种。目前很多地方也在出台相关政策保护蝠鲼，并禁止公开买卖。世界自然保护联盟（IUCN）已将蝠鲼归类为"濒危"物种。作为缔约国之一，我国将所有种类的蝠鲼都按照国家二级保护动物进行管理。

我们千万别因为一己私欲，将这种早在侏罗纪时代便出现的、优雅又神奇的海洋生物在蓝色星球上除名。

可盐可甜的小盒子

箱鲀

鱼类身份证

名字：箱鲀
拉丁名：*Ostracion*
纲：辐鳍鱼纲
目：鲀形目
科：箱鲀科
属：箱鲀属
栖息地：印度洋、太平洋和大西洋的热带
　　　　及亚热带海域
栖息深度：18～100米
大小：体长10～25厘米，最大可达50
　　　厘米
技能：原地快速转体

颜值
凶残
奇特
珍稀
游速

100
80
60
40
20
0

箱鲀是世界上最方的鱼。它们骨骼清奇，独树一帜，在漫长的演化历程中反其道而行之，抛弃了普通鱼类那些标志性特征，也牺牲了闪电般的速度和流线型的体态。也不知道它们是不是从铠甲勇士那里得来的灵感，箱鲀身体的绝大部分都被厚厚的硬鳞覆盖着，方方正正，棱角分明，只有鳍、口和眼睛能动，因此也有"盒子鱼"的外号。

粒突箱鲀

白点箱鲀

箱鲀笨拙的泳姿十分滑稽。游泳时完全依靠小巧的背鳍和臀鳍快速上下、前后、左右摆动。它必须一刻不停地游动才能在水中维持平衡，因此它的呼吸频率极高，在休息时每分钟喘气可达180多次，箱鲀不停吐水的样子像在"略略略"，着实把人"萌出一脸血"。

① 彩色小盒子

箱鲀的体内藏着坚硬的盒状骨架，骨架外面披着红、蓝、黄、白、黑、紫等具有美丽图案的彩色外衣，绚丽而又古怪。它们像一个个彩色的小盒子，总是以卖萌的姿态，生活于珊瑚礁间。

其中，箱鲀家族中最有名的成员要数粒突箱鲀（*Ostracion cubicus*），俗称"金木瓜"。幼年的它们实在是太招人喜爱了。鲜黄的盒装身体加上时髦的黑色波点，时刻瞪着大眼睛，是一个好奇宝宝没错了，再配上一张会撒娇的嘟嘟嘴，卖萌绝对是它的必杀技。粒突箱鲀在全世界圈粉无数，尤其受到世界级水下摄影师的喜爱，成为当之无愧的观赏鱼明星。它们在水中就像一个个小杨桃，但成年后它们的可爱值呈断崖式下跌，变成了愣头愣脑的方盒子，就连鲜黄的体色也变成了相对黯淡的黄褐色。

② 会学狗叫的鱼

你可能想不到，箱鲀还是一种"会说话"的鱼。

一般来说，很少有鱼能发出声音。一是因为它们没有发声器官；二是因为水的密度是空气的好几千倍，鱼儿们活动时发出的声音本来就很微弱，在密度较高的水这种介质中，直接就被"抵消"得一干二净了。

粒突箱鲀

　　然而，箱鲀却是一个例外。它在被人抓住的时候，有时会发出声音，让人惊讶的是，这种声音与狗叫声特别相近，并且如果不放开它的话，它还会一直"喊"下去。

③ 可萌可狠的小家伙

　　鱼不可貌相。别看这"小盒子"人畜无害的样子，箱鲀可是含有剧毒的。但说起来也是可笑，不像石斑鱼自己会解毒，箱鲀只知道放毒，不知道解毒，有时竟然会失手毒死自己，这就尴尬了。

　　箱鲀生性胆小，身材短小，游泳缓慢，它的御敌之术就是放毒，因此自然界中敢招惹它的天敌并不多。当它感受到压力时，皮肤会迅速释放一种箱鲀科鱼类特有的神经毒素（毒性大约为氰化物的200倍），这种溶血性毒素存在于它体表的黏液中，能够快速将对方毒死。

如果箱鲀身处相对封闭的环境中，例如在水族箱内，毒素达到一定浓度就可能造成整缸鱼的"团灭"，因此就有了"箱鲀死了杀一缸鱼"的说法。但是这种情况在野外开放水域是不会发生的，因为在海洋中，海水会迅速将毒液稀释，这样箱鲀就可以快速地逃离而不被自己毒死。

　　看来，箱鲀狠起来连它自己都害怕。"我很方，你不要过来啊！再过来我就毒死我自己！"还真是一点刺激都受不了呢！

白点箱鲀

4 仿生设计的灵感来源

从古老的运输机到先进的战斗机，再到现代汽车，人们始终都能从研究箱鲀中获得启发。

箱鲀看似笨拙实则灵巧，游泳动作异常灵活，不仅能以很小的半径进行原地转体，还能在错综复杂的珊瑚礁中调转方向，它转得很频繁，而且转得很好。似乎盒子形的身体并没有对它的行动造成阻碍，反而对其游泳技能有所加持。

于是，很多科学家把目光投向箱鲀，希望从中寻找设计灵感。

早在 20 世纪 60 年代，英国肖特兄弟公司研制了一款看起来笨笨的双发涡轮螺旋桨运输机 SC-7（主要用于短途货运和跳伞运动）。

接着，70 年代，他们在 SC-7 的基础上研发了肖特 330 飞机，保留了许多"空中货车"的特性，如较大的机身横截面，只是机头

外形呆萌的 SC-7 双发涡轮螺旋桨运输机

经过重新设计，用一个带有比较尖锐的四面锥体的长"鼻子"的机头取代了 SC-7 型上钝锥体机头，机身也相应地加长了 3.78 米。

80 年代，他们又改进生产出 40 座的肖特 360，其客舱继续继承了这种借鉴箱鲀的"四方"结构，因此乘坐该机时头顶空旷，毫无压抑感。同时肖特 360 飞行阻力小，爬升快，可在高温、高原机场起落，而且经济性良好，获得了包括中国民航等众多用户的广泛好评。

紧接着，汽车制造商也开始对箱鲀进行仿生学研究。20 世纪 90 年代中期，奔驰公司想要设计一款集宽敞、低阻力和高稳定性于一身的汽车。他们坚信箱鲀是利用了身体天然的低阻力和稳定性，才成为珊瑚礁里最敏捷的鱼之一。于是对箱鲀模型进行了大量的流体力学分析，并在 2005 年开发出了名为"仿生（bionic）"的概念车。

然而，奔驰可能完全误解了箱鲀。《英国皇家学会界面期刊》的一篇研究论文指出，箱鲀所受的阻力至少是正常鱼类的 2 倍，且它们在游动时不稳定性增加，遇到水流扰动时会顺势翻跟头，满世界地左右摇动、上下摇摆，忽左忽右、忽上忽下。

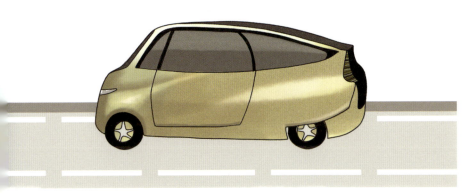

梅赛德斯奔驰 2005 仿生学 Bionic 概念车

实际上，箱鲀和珊瑚礁中其他任何一条"尼莫"或者"多莉"比的话，游起来更像船后面拖着的大衣柜。因此，汽车制造商更应该模仿一些适合长距离游泳的鱼。

那么，为什么箱鲀总能在窄小缝隙中穿梭自如，甚至还能做出近乎原地180度转弯的惊人之举呢？

⑤ 了不起的鳍

其实，箱鲀之所以可以灵活游动，真正的功臣不是"盒子"，而是那些小小的、看似不起眼的鱼鳍。

箱鲀的胸鳍、臀鳍和尾鳍通过改变偏转角度和摆动频率，就像多旋翼飞行器一样，通过调整螺旋桨的拉力来改变姿态。正是由于胸鳍、臀鳍和尾鳍高频率的协同运作，干净利落地控制住了它七颠八倒的势头，使其免于绝望地被水流和海浪抛来抛去。

箱鲀就是这么一种神奇的矛盾体，它们既是旋转木马又是奔腾难驯的野马。

水中贵族

主刺盖鱼

鱼类身份证

名字：主刺盖鱼

拉丁名：*Pomacanthus imperator*

纲：辐鳍鱼纲

目：鲈形目

科：刺盖鱼科

属：刺盖鱼属

栖息地：印度洋—西太平洋的珊瑚礁海域

栖息深度：3～85米

大小：体长30～40厘米

技能：幼鱼和成鱼大不同

跟英雄"佐罗"撞脸的主刺盖鱼

俗话说的好："赐子千金，不如赐子好名""不怕生坏命，就怕起错名"，可见名字的重要性。而主刺盖鱼大概拥有鱼类中最霸气又最好听的名字，它的英文名叫 emperor angelfish（直译为"皇帝天使鱼"），西方和我国香港地区称其为"皇帝神仙鱼"，我国台湾地区则习惯叫它"皇后神仙鱼"。不论是叫皇帝还是皇后，能同时 hold 住[①] 皇帝、皇后和天使、神仙的名字的鱼，究竟有多尊贵？

看，这就是主刺盖鱼，美妙绝伦的颜值完全配得上它仙气的名字吧？刺盖鱼家族中大名鼎鼎的它，凭借独特又明亮的色彩妥妥拿捏了贵族的气质，成为摄影师和画家的最爱。从杂志封面到海底纪录片，它是露脸最多的鱼之一，和小丑鱼、刺尾鱼等一样，它也是水族馆中最令人惊叹的鱼。它鲜艳的条纹和优雅的外形，即使是在花团锦簇的珊瑚礁海域中，依然相当耀眼。主刺盖鱼全身蓝底黄纹，脸部黄白，双眼一抹黑色，跟传说中的英雄佐罗有几分相似。

主刺盖鱼因为鳃盖边缘长有一枚向后的棘状刺而得名，它的背鳍和腹鳍都向后延伸成蝴蝶翅膀状，侧扁的身体使其可以轻易地穿梭躲藏在珊瑚礁及石缝的阴暗角落。它常年在珊瑚礁上悠悠然地吃食藻类、珊瑚虫或海绵动物。大概是因为生活养尊处优，主刺盖鱼的平均寿命可达 20 年。

 血缘亲近的"荷包鱼"

主刺盖鱼与蝴蝶鱼被统称为"荷包鱼"，它们一样美丽动人，长有非常显眼的条纹和色彩，外形也非常像，整体看起来都是扁扁的，只是主刺盖鱼的体形要稍大些，乍一看就像放大的蝴蝶鱼。

---

① "hold 住"为网络流行语，意为能够控制住、承受住、应对住某种情况或压力。

主刺盖鱼是世界上最美的鱼之一

除此之外，主刺盖鱼的鳃盖骨上长有一根棘状刺，能在危险时保护自己，而蝴蝶鱼则没有，但大多数蝴蝶鱼在尾部长有一个"伪眼"以蒙骗天敌；主刺盖鱼的鱼鳍后端延伸呈蝴蝶翅膀状，且它的嘴巴比蝴蝶鱼更为上翘，显得更傲娇。

可是，和出双入对的"爱情脑"蝴蝶鱼不一样，主刺盖鱼却是个彻头彻尾的"渣男鱼"。

 ## 崇尚"父权"的"贵族"

虽然说"长得好看的就是花心大萝卜"是偏见，但用在主刺盖鱼身上，倒成了一句真言。主刺盖鱼和其他刺盖鱼一样，都是一夫多妻制。它们每年繁殖一次（一般在8—9月），而且是一雄带多雌，它们会在上升的水流中螺旋环绕游动以此来完成交配，之后雌鱼产下鱼卵，鱼卵会在海水中独自漂浮几周，最终孵化。

黑背蝴蝶鱼

在其张狂华丽的外表下，主刺盖鱼的个性也是相当激进。它们坚持生活在珊瑚礁上，其"父权"主义还体现在雄性具有强烈的领地意识。每条雄性主刺盖鱼拥有面积可达 100 平方米的领地，只与几条雌性共享，并且为了保卫自己的领地和"妻妾"，可以不惜性命。当同种鱼入侵其领地，雄性主刺盖鱼感受到威胁时，会发出"咯咯"的声音以吓退来者，而在"警告"无效后，一场争夺地盘的战斗无可避免，尽显帝王风范。

 3 换子疑团

你们是不是都觉得，右边是不同种类的两种鱼？其实它们都是主刺盖鱼！上面那条是幼鱼，下面是我们熟知的成鱼。大概连主刺盖鱼的亲爹亲娘也有着跟你们同样的疑惑。如果它们会说话，大概

主刺盖鱼幼鱼（上）和成鱼（下）

也会发出马景涛式的怒吼——"你真的是我亲生的吗?"这种八,档苦情戏偏偏就发生在主刺盖鱼身上。

虽然许多鱼类在生长过程中都会经历物理变化,但没有一种像主刺盖鱼那么富有戏剧性。青春期的孩子会叛逆,可是直接把自过整得跟自己亲生父母没啥关系的样子也太夸张了。就因为主刺盖的幼鱼和成鱼外貌截然不同,直到20世纪30年代末,科学家们认为主刺盖鱼的幼鱼是一个完全不同的物种!

主刺盖鱼幼鱼俗称"蓝圈",其体色为深蓝色,具若干蓝白色弧纹在尾柄处形成同心圆,背鳍边缘是白色的,臀鳍上有不规则蓝色花纹"六亲不认"的它们其实大多是模拟珊瑚礁上的海绵等生物。它谨小慎微,低调的深蓝色是它们伪装的手段。它们白天大多躲藏石缝之中,到了夜晚才开始觅食,最喜欢吃海底的海绵、海藻等生物

海绵是最原始的多细胞动物,6亿年前就已经生活在海洋里了,是一个庞大的"家族"。

幼鱼的这种极美颜色会保持2~4年,或直到它们长到8~1厘米大小时,才"认祖归宗",开始褪色,但仍旧以蓝色为底色,身体变得更圆,尾鳍从蓝色变为白色再变为醒目的黄色,身体渐出现紧密的平行黄色条纹,条纹密布至背鳍和臀鳍。眼睛外开始上"佐罗"的黑眼罩,而鼻部与嘴部为白色。至此,雍容华贵的貌才终于显现。成年的主刺盖鱼最大可达近40厘米长,有些寿命超过20年。告别了喜欢躲在岩石和缝隙中的胆小幼鱼期,主刺盖的成鱼更爱自由地游泳,这大概就是成长的蜕变吧。

无论是幼鱼还是成鱼,它们都异常美丽。如果非要问哪个阶的主刺盖鱼更漂亮,那就只有见仁见智了。

狡猾的水管

中华管口鱼

鱼类身份证

名字：中华管口鱼
拉丁名：*Aulostomus chinensis*
纲：辐鳍鱼纲
目：海龙目
科：管口鱼科
属：管口鱼属
栖息地：印度洋和太平洋的热带和亚热带海域
栖息深度：3～122米
大小：体长40～80厘米
技能：吸管一样的长嘴

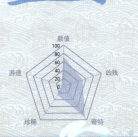

奇特的中华管口鱼

如果要开一个"世界上最不像鱼的鱼"的系列专栏，这家伙铁定跑不掉了。它叫中华管口鱼，又是一条让你"WOW"的奇特鱼兄。要问它像什么？ A. 一把剑；B. 水管；C. 木棍；D. 以上都是，反正不像鱼。答案明显是D。

中华管口鱼一般栖息于热带清澈的浅海海域，喜欢出没于多岩石的珊瑚礁区。它身体细长，呈长杆状，一般长50～60厘米，最大体长可达1米。它的嘴尤其引人注目，特别长，约占身体总长的1/3。它吃小鱼就像我们用吸管喝珍珠奶茶一样丝滑呢！

佛系三兄弟

生物学上说，中华管口鱼和海马、叶海龙是远房亲戚。只不过相较于后两者，中华管口鱼长得有点太潦草简单了。这三兄弟是海里出了名游泳慢的鱼类，基本属于敌动我也不动的类型。它们一生大部分时间都用来"固定"自己。经常一动不动，或随波逐流，自己活成了雕塑一般。

当然，和海马、叶海龙一样，中华管口鱼也是出了名的"别人家的爸爸"，专职顾娃的。它拒绝当"甩手掌柜"，毅然承担起"身怀六甲"的艰巨任务。中华管口鱼妈妈产卵后，卵会黏在管口鱼爸爸腹部的育儿囊中，接下来一系列的操作包括让卵受精、给受精卵提供氧气、补充卵黄之外的营养、排出代谢废物等，都归"单亲爸爸"管了，堪称海洋界的"模范爸爸"和最强"育儿专家"。

海里的"恶棍"

熟悉海龙目鱼类的朋友应该都知道，这些鱼有个共同点就是它

简配版　标配版　豪华纪念版

慢吞吞三人组

们是游泳"菜鸟"，如海马以及前面介绍过的叶海龙等，没有正常鱼类的流线型身材的它们，天生就是一副人畜无害的样子。那么它们捕食有戏吗？不光是有戏，而且还十拿九稳。中华管口鱼算得上是海龙目家族中难得的积极掠食者了，而且它们非常狡猾，虽然看起来似乎无所事事，中华管口鱼几乎无时无刻不在狩猎。这说来有点不可思议，它们捕食的成功率甚至比海洋里公认的顶级杀手大白鲨还要高。这凭什么呢？

一慢一快，是中华管口鱼捕食的成功之道。这跟狮子伏击猎物是一个道理，猎物越警觉，你接近的就得越慢。说到慢的话，那就是中华管口鱼的特长了。它时常会低着头，以垂直的姿势静止不动，伪装自己是一根没有思想和生命的木棍，殊不知其实是一个不折不扣的"恶棍"。狡猾的它看起来好像对周围的一切漠不关心，但其实是在细心观察和耐心等待，当发现弱小的鱼虾游过时，它能悄无声息地来到猎物身边，然后突然把"吸管"凑过去一吸，就是这么高效。

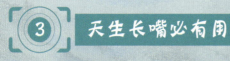

3 天生长嘴必有用

　　中华管口鱼是食肉动物，它的上颚没有牙齿，只在下颚前端排列着细小的牙齿。它的进食方式是靠吸。它总是不动声色地接近猎物，然后突袭猎物，张开长长的吸管一般的嘴，使劲一喝，连水带食物

一起喝进去，非常方便。由于中华管口鱼嘴的肌肉弹性惊人，它还可以吃掉比其嘴巴直径还大的鱼，如黄仿石鲈、刺尾鱼、金鳞鱼等。当它张开嘴的一刹那，水管变喇叭，不知这是否是其英文名 trumpet fish（喇叭鱼）的灵感来源？

不会吹喇叭但很会吸的"喇叭鱼"

中华管口鱼是"骑鱼"高手

4 聪明的影子猎手

搭个便车去捕猎。

还记得前面介绍过海里爱"搭顺风车"的鲫鱼吗？没想到中华管口鱼也有类似的癖好。不过它并非像鲫鱼一样死死吸附在其他鱼身体上那么厚颜无耻，只是偶尔"傍傍大款"求个温饱而已。

谁让这家伙灵活性不够，又没有尖牙利齿呢，总不能长期过吃不饱的苦日子吧。于是管口鱼想出了一个奇妙的捕食办法——骑鱼捕鱼。虽然它的小鳍并不能使其成为优秀的长距离游泳运动员，但却可以让它将身体盘绕在大鱼身上，以此伪装成大鱼身体的一部分。这是在欺负小鱼小虾视力差吗？明显就是两条鱼啊！

管口鱼看似漫无目的地漂浮，但当看见一些体形比较大的鱼（如石斑鱼、鹦嘴鱼、刺鲀等）游来时，它就会化被动为主动，灵活地"骑"到它们背上，愉快地搭起"便车"。这些大鱼就是它的掩体，当发现毫无防备的小鱼虾时，管口鱼便会突然跃出，捕而食之，而且命中率还挺高，很少失手。

223

　　中华管口鱼的狡猾之处还在于它非常会伪装。它身体含有特殊的色素细胞，体色可随环境发生变化，从橘红色、褐色至黄色都有，但多数时候呈褐色，通常它会将头部的颜色变成与被捕食的小鱼一样，以便顺利伏击猎物。因此，中华管口鱼总是以不同的颜色出现在海里。总是试图与周围环境融为一体的它，也顺理成章地成为珊瑚礁中最会伪装的高手之一。

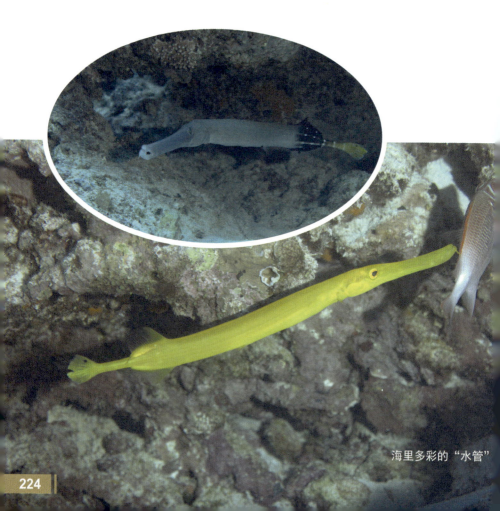

海里多彩的"水管"

海里也有扫把星

拟态革鲀

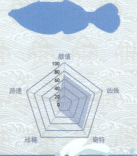

鱼 类 身 份 证

名字：拟态革鲀
拉丁名：*Aluterus scriptus*
纲：辐鳍鱼纲
目：鲀形目
科：革鲀科
属：革鲀属
栖息地：印度洋、太平洋和大西洋的热带
　　　　及亚热带海域
栖息深度：3～120米
大小：体长一般50厘米，最大达110厘米
技能：会用毒的伪装大师

　　在美丽的西沙群岛中，生活着一种名字超级不友好的"扫把星"鱼。（拟态革鲀说："你礼貌吗？我明明是一条体态健美、气宇轩昂的帅鱼！"）

　　拟态革鲀身上布满了荧光一般的亮点和条纹，还挺有几分艺术气息，虽然算不上是迷倒众生的颜值，但好像也跟扫把扯不上半点

收起尾巴游泳的拟态革鲀

关系吧？且慢，我可没有冤枉它，请看客欣赏一下它张开尾巴时的奇特姿态——是不是像极了高粱秸捆绑成的笤帚？就因为夸张的尾巴特征，拟态革鲀背负上了一个"搞笑"的"扫把鱼"之名。拟态革鲀表示好心塞，不过，话说这就是它嘴巴撅得老高老高的原因吗？

"你看不见我。"这是拟态革鲀无时无刻的内心独白。拟态革鲀在珊瑚礁一带属于比较柔弱的那一派,经常被吃,于是在多年逃命的过程中,它进化出一身伪装的好本领,其拟态之名也由此而来。

首先,这哥们可以快速变色。心情好的时候游到哪里就变色变到哪里,根本停不下来。如果游到颜色较深的珊瑚礁区时拟态革鲀就把自己体色调暗,当游到颜色较浅的地方,它就像变魔术一样瞬间把身体的颜色调亮,通过随时改变体色来融入周围的环境。

其次,变换色彩只是初级伪装,拟态革鲀还可以把自己伪装成一片水草叶子或是一根珊瑚枝,这种进阶的隐术技能才是拟态革鲀的看家本领。

拟态革鲀喜欢隐栖于海藻中,常在海藻间觅食,长年懒散地头朝下倒立在水底,假装自己是海藻。它竖立的身体倒插在海藻丛间,利用鳍在水中活动,细长的身体配合正在波动的鳍和身体上的斑纹,犹如周围的海藻一般。

拟态革鲀

　　就这样，靠着出众的迷彩拟态和禅师般入定的状态，拟态革鲀借助珊瑚礁躲避其他的凶猛鱼类攻击，同时也方便掠食小型猎物及礁石上的有机物碎屑、珊瑚虫、蠕虫等。但可能由于伪装得太好，导致它们同类之间也不容易发现彼此。一般除了繁殖期，拟态革鲀大多时间都是单独活动。

欺软怕硬的家伙

　　于是，没有了社交生活的它们，平时反正闲着也是闲着，也只好培养出吃吃吃的爱好了，所以生长速度很快，成年的拟态革鲀体长最长可达110厘米，这对于珊瑚礁鱼类来说，算是大块头了。

　　因此，个头较大的它们对比自己个头小的生物开始产生一种优越感，时常表现出很强的攻击性。别看拟态革鲀经常头向下静止不动，一副老实巴交的样子，其实它特别喜欢破坏捣乱。对于弱小的鱼类，它会撕扯它们的身体,甚至咬下它们的眼珠。拟态革鲀还特别喜欢"欺负"水母,它会毫无理由地发动攻击,撕咬水母的触须,而拟态革鲀这么做,可能完全是在玩耍,因为鱼类的眼睛和水母都不在它的食谱中。

然而,拟态革鲀是典型的欺软怕硬的坏蛋。它专挑软柿子捏的同时,又对比它个头大的凶猛生物保持着极高的警惕性,分分钟做好逃跑的准备。因此,一般情况下,潜水者和考察人员很难有机会靠近拟态革鲀进行拍摄和观察。

3 最毒革鲀肝

拟态革鲀名字有个"鲀"字,这在海洋界中相当于一个有毒的警示标志。它跟河鲀是亲戚,当然也不是什么好惹的角色,它们一个个身怀剧毒。

几年前,曾经有个日本小哥靠吃饭前晒照片捡回一条小命,这个故事的主角就是拟态革鲀。一天这人钓上一条大鱼,便随手拍了一张照片发到社交媒体上,他写道:钓到一条大剥皮鱼!马上要做生鱼片喽!幸运的是,被眼尖的网友发现,这条鱼并不是剥皮鱼,而是内脏有剧毒的拟态革鲀,其毒性是河鲀的50倍。如果不小心吃了拟态革鲀,就会有呼吸困难、麻痹和痉挛的可能性,重症患者可能在10个小时到几天内死亡。

拟态革鲀的肝脏是其体内最毒的部位,而这些毒素是它自己吃出来的,并非天生自带的,因为它喜欢吃藻类、海葵等带毒的食物,毒素就这样通过食物链层层累积,最终堆积在拟态革鲀的身体当中,这种毒素也就是人们熟知的"雪卡毒素"。

看来现代人吃饭前先拍照的行为还真是在"验毒"呢!

毕加索的梦中之鱼

凹吻鲆

鱼类身份证

名字：凹吻鲆

拉丁名：*Bothus mancus*

纲：辐鳍鱼纲

目：鲽形目

科：鲆科

属：鲆属

栖息地：印度洋—太平洋区的热带海域

栖息深度：5～60米

大小：体长30～45厘米

技能：双眼长在身体的同一侧

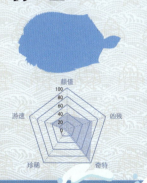

世间万物都讲求对称与平衡，就拿人的脸来说，五官长得越对称，这个人就越好看。请试想一下：你在外面散步，看到一只小猫，两只眼睛都在同一侧，那会有多诡异。可在大海里，有超过500种鲽形目鱼类就是这样不对称的，它们遍布于全世界，被统称为"比目鱼"，而凹吻鲆就是其中一种。

凹吻鲆，又称蒙鲆，属于热带暖水性底层鱼类。你可能没听过凹吻鲆这个名字，但你一定听过比目鱼，凹吻鲆和我们日常餐桌上的"常客"多宝鱼都属于比目鱼（鲽形目鱼类）。比目鱼可以说是这个世界上最拧巴的鱼了，它们是把两只眼睛都长在同一半脸上的最奇怪的脊椎动物之一。（小猪佩奇：勿 cue！）

这种疯狂的鱼是从小就"长歪"了吗？它们是因为长得丑觉得羞愧才总藏在沙子里吗？喜欢趴在海底的它们，又有着什么样的求生技能呢？

凹吻鲆的不对称美学

被贴"秀恩爱"标签

古人认为比目鱼只有一只眼睛，必须夫妻并行、相依为命才能生存，继而就成了爱情的象征，经常以"郎情妻意"的方式出现在古书和诗词中。

比如，"比目连枝"就是一个比喻有情人彼此间难以分离的成语，"比目"指的是比目鱼，而"连枝"则是指连在一起的树枝；再比如"只羡鸳鸯不羡仙"这句俗语可谓是家喻户晓，但你知道它的演化出处是什么吗？这其实是出自唐朝卢照邻的《长安古意》："得成比目何辞死，愿作鸳鸯不羡仙。"大意是：能像比目鱼和鸳鸯一样成为佳偶，那可比做神仙还快活，就是死了也是心甘情愿的。

当然"一鱼一目"只是古人的臆想，比目鱼其实是有两只眼睛的，只不过都挤在了身体的一侧，且没有眼睛的那一面为白色。有趣的是，它们这奇特的形态并不是与生俱来的。那作为比目鱼家族中的一员，凹吻鲆的眼睛是如何凑到一起的呢？

奇葩变形记

你可知道，凹吻鲆并非生来就是"歪瓜裂枣"，其幼鱼看起来是正常的鱼类，即两只眼睛是两侧对称的，而且还生活在海水的上层，常常在栖息地附近悠哉悠哉地游动。可不知为啥长着长着画风就变了：不仅眼睛逐渐往头顶移去挤一块了，嘴巴也跟着跑偏了，身体开始变得像煎饼一样扁平，于是成了现在这副傻气的模样。这是一种"变态"现象，一般来说只会发生在昆虫、两栖动物及其他节肢动物当中，在鱼类中可谓极其少见。成年后的凹吻鲆已经不再适应海中的漂浮生活，只好终生平卧海底了。

233

那么，凹吻鲆的两只眼睛是挤在左侧还是右侧呢？其实，比目鱼家族的鱼的"变态"生长发育还有一个很有趣的地方，就是它们也分"左撇子"和"右撇子"，但这并不是看心情选左右的。在鱼类分类学中，有着"左鲆右鲽，左舌鳎右鳎"的说法。据此，我们可以判断出凹吻鲆是妥妥的"左撇子"。

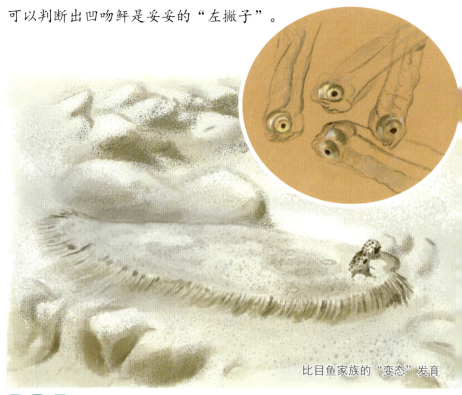

比目鱼家族的"变态"发育

 ### 让达尔文"社死"的鱼

一开始，生物学家对比目鱼眼睛移动这一神奇的进化方式也解释不明白。

达尔文 1859 年出版的《物种起源》中进化论的观点是，物种是逐渐进化的，是自然选择的结果。而早在 19 世纪，就有人拿比目鱼的例子质疑达尔文的进化论，结果居然把达尔文给整不自信了。这尔文试图找到眼睛扭到一半的比目鱼，来证明比目鱼是逐渐进化而来的，但没有成功，最后唯有强行解释为比目鱼在进化过程中发生过一次超大的遗传变异，一下子就"歪头杀"了。

后来在 2008 年，欧洲科学家终于发现两块扭到一半的古代比目鱼化石（两只眼睛仍处于脑袋的两侧，只是其中一只眼睛比另一只眼睛的位置稍高一些），才终于找到了比目鱼在数百万年间逐渐进化的强有力证据。

这场持续了 100 多年的关于比目鱼眼睛进化的争论到此接近尾声了，但把眼睛从一侧移到另一侧有什么好处呢？为这事，科学家们又吵了近 10 年，终于拼凑出了一个神奇的假说。

 ④ "比目"是因为要"躺平"

据说 5 550 万年前，那时地球突然发生了一次原因不明的全球变暖，一时之间海平面暴涨，有一类生物迅速崛起，成了最强"暴发户"，那就是以各种虾蟹为代表的甲壳类。于是，一场全鱼参与的"海洋吃虾大赛"就这样拉开了序幕。因为有一部分虾蟹喜欢把自己埋到沙子里，凹吻鲆的祖先自然也就顺应了时代潮流，总栖息在沙质海底上，以捕食小虾蟹为生了。

一开始，它们的两只眼睛分别看向身体两侧正前方，反而看不太清楚，于是就干脆把身子侧过来，一只眼睛对着海底，另一只眼睛正好对着上方，就可以随时警戒各路掠食者。它们侧着身子，又顺势往海底一躺，利用保护色来伪装自己。可是老是侧躺在海底的话，就意味它们朝着海底的一只眼睛就总会被压在身下，沙子都进眼睛里了，还怎么捉虾？于是凹吻鲆祖先调整了策略，它们平时侧躺着身体巡视海底，察觉哪里可能有猎物，就直接躺下，然后略微抬起头，我左看右看上看下看，原来每个猎物都不简单。

拥有双眼立体视觉的凹吻鲬

同时一眼盯住猎物，一眼警戒天敌。慢慢地，它们两只眼睛不仅都凸了出来，还可以分别独立360度旋转，双眼立体视觉用着真香[1]。日复一日，朝下的那只眼睛往头顶慢慢移动，最终，抵达这条演化路线的顶点——它们彻底把眼睛撇了过来，成为双眼"一视同仁"的异类。

5 海里的"变色龙"

虽然凹吻鲆的祖先身体躺平了，可是心思却没跟着一起躺平，由于它们游泳速度慢，为了生存，很快它们又开发了新的打法——变色，堪称是变色龙在海底的精神同类。

凹吻鲆是深藏不露的高手，没事就趴在海底装死鱼。它们身上的斑点和颜色为其提供了绝佳的保护色，且沉到海床后它们还会扇起四周的泥沙盖在身上，这可不是因为它们长得丑觉得羞愧，而是不想让天敌找到它们的伪装绝技。当小鱼小虾在它们面前举行"派对"时，还不知道危险就在身边。忽然海底扬起一片泥沙，凹吻鲆的美餐就到手了。这敏捷的身手已经不是刚才"躺尸"的"死鱼"了。

其实，凹吻鲆的变色能力由神经与激素控制，每一个色素细胞之中分布着许多微细的输送管，用以散布色素颗粒，使皮肤形成与环境融合的色斑图案。当色素颗粒全部集中到色素细胞时，皮肤的底色就会显现，实现变色，以匹配不同的栖息环境。

这是多么神奇的生物啊！虽然凹吻鲆很扁，但可千万不可看扁它哦！多亏有了它们，才让海洋中的"扁平家族"如此魅力非凡。

---

① "真香"为网络流行语，指一个人一开始不喜欢某件事或某个人，但是过了一段时间后却对其产生了浓厚的兴趣或好感。